もくじ＆チェック

Warm-up 1 　ウォーム・アップ (1)

1 ［分数の乗法・除法］次の計算をしなさい。

(1) $\dfrac{x}{4} \times \dfrac{y}{5} = \dfrac{x \times y}{4 \times 5} = \boxed{}^{ア}$

(2) $\dfrac{x}{7} \div \dfrac{4}{3} = \dfrac{x}{7} \times \boxed{}^{イ} = \boxed{}^{ウ}$

　　　　　↑
　　わる数の逆数をかける

(3) $\dfrac{a}{12} \div \left(-\dfrac{2}{3}\right) = \dfrac{a}{{}_{4}\cancel{12}} \times \left(-\dfrac{\overset{1}{\cancel{3}}}{2}\right) = \boxed{}^{エ}$

　　　　　　　　約分 ↑
　　わる数の逆数をかける

2 ［分数の加法・減法］次の計算をしなさい。

(1) $\dfrac{x+1}{5} + \dfrac{x+3}{5} = \dfrac{(x+1)+(x+3)}{5} = \dfrac{\boxed{}^{オ}}{5}$ ←同類項を まとめて 整理する

同類項

整式の中で，文字の部分が同じ項を同類項という。

(2) $\dfrac{7x+8}{6} - \dfrac{4x-1}{6} = \dfrac{(7x+8)-(4x-1)}{6}$ ←かっこをつけて表す

　　　　　　　　符号が逆になる
　　　　　　　　　↓　　↓

$= \dfrac{7x+8-4x+1}{6} = \dfrac{3x+9}{6}$

$= \dfrac{\boxed{}^{カ}}{2}$

↑ $\dfrac{3x+9}{6} = \dfrac{3(x+3)}{6}$

－（　）のはずし方

$-(\bullet + \blacksquare - \blacktriangle)$

符号が逆になる

$= -\bullet - \blacksquare + \blacktriangle$

(3) $\dfrac{3x+1}{2} + \dfrac{x-2}{3} = \dfrac{(3x+1) \times 3}{2 \times 3} + \dfrac{(x-2) \times 2}{3 \times 2}$

　　　　　　　　　通分

$= \dfrac{9x+3}{6} + \dfrac{2x-4}{6} = \dfrac{\boxed{}^{キ}}{6}$

3 ［指数法則］指数法則を用いて，次の計算をしなさい。

(1) $a^2 \times a^3 = a^{2+\boxed{}^{ク}} = a^{\boxed{}^{ケ}}$

(2) $(a^3)^2 = a^{3 \times 2} = a^{\boxed{}^{コ}}$
　　　↑指数法則②

(3) $(ab^2)^3 = a^3(b^2)^{\boxed{}^{サ}} = a^3 b^{\boxed{}^{シ}}$
　　　↑指数法則③　　↑指数法則②

(4) $2x^2 y \times (-xy^3) = -2x^{2+\boxed{}^{ス}} y^{1+\boxed{}^{セ}}$ ←指数法則①

$= -2x^{\boxed{}^{ソ}} y^{\boxed{}^{タ}}$

(5) $(-2xy^2)^3 = (-2)^3 x^3 y^{2 \times 3}$ ←指数法則③と②

$= \boxed{}^{チ} x^{\boxed{}^{ツ}} y^{\boxed{}^{テ}}$

指数法則

m, n が正の整数のとき

① $a^m \times a^n = a^{m+n}$

② $(a^m)^n = a^{m \times n}$

③ $(ab)^n = a^n b^n$

DRILL ◆ドリル◆

1 次の計算をしなさい。

(1) $\dfrac{x}{5} \times \dfrac{y}{6}$

(2) $\dfrac{2x}{3} \times \dfrac{4y}{5}$

(3) $\dfrac{4x}{3} \times \dfrac{9y}{2}$

(4) $\dfrac{x}{5} \div \dfrac{3}{7}$

(5) $\dfrac{a}{8} \div \left(-\dfrac{5}{2}\right)$

(6) $\dfrac{a}{4} \div \left(-\dfrac{5}{16}\right)$

2 次の計算をしなさい。

(1) $\dfrac{x+4}{3} + \dfrac{x+7}{3}$

(2) $\dfrac{x+4}{9} + \dfrac{2x+5}{9}$

(3) $\dfrac{2x+5}{7} - \dfrac{x+1}{7}$

(4) $\dfrac{7x-4}{6} - \dfrac{3x-2}{6}$

(5) $\dfrac{3x+1}{2} + \dfrac{x-1}{5}$

(6) $\dfrac{4x-3y}{5} - \dfrac{-8x+y}{15}$

3 指数法則を用いて，次の計算をしなさい。

(1) $a^4 \times a^3$

(2) $a^5 \times a^3 \times a$

(3) $(a^4)^3$

(4) $(x^3)^5$

(5) $(x^3y^2)^5$

(6) $(-2x^5y^3)^3$

(7) $3x^2y \times 2xy^3$

(8) $(-x^2y) \times 6x^3y^2$

(9) $3x^3y^2 \times (-4xy^2)^2$

(10) $(-2x^3y)^3 \times (x^2y^3)^2$

検

Warm-up 2 ウォーム・アップ (2)

1 [解の公式] 解の公式を用いて，次の 2 次方程式を解きなさい。

2 次方程式の解の公式

2 次方程式

$ax^2 + bx + c = 0$ の解は

$$x = \frac{-b \pm \sqrt{b^2 - 4ac}}{2a}$$

(1) $x^2 + x - 3 = 0$

解の公式に，$a = 1$，$b = 1$，$c = -3$ を代入して

$$x = \frac{-1 \pm \sqrt{1^2 - 4 \times 1 \times (\boxed{ア})}}{2 \times 1}$$

$$= \frac{-1 \pm \sqrt{1 + \boxed{イ}}}{2} = \frac{-1 \pm \sqrt{\boxed{ウ}}}{2}$$

(2) $x^2 - 2x - 4 = 0$

解の公式に，$a = 1$，$b = -2$，$c = -4$ を代入して

$$x = \frac{-(-2) \pm \sqrt{(\boxed{エ})^2 - 4 \times 1 \times (-4)}}{2 \times 1}$$

$$= \frac{2 \pm \sqrt{\boxed{オ} + 16}}{2} = \frac{2 \pm \sqrt{\boxed{カ}}}{2} = \frac{2 \pm 2\sqrt{\boxed{キ}}}{2}$$

$\sqrt{\bullet^2 \blacktriangle} = \bullet\sqrt{\blacktriangle}$

$$= \frac{\overset{1}{\cancel{2}}(1 \pm \sqrt{\boxed{ク}})}{\cancel{2}} = \boxed{ケ}$$ ←約分を忘れない

(3) $3x^2 + 5x + 2 = 0$

解の公式に，$a = 3$，$b = 5$，$c = 2$ を代入して

$$x = \frac{-5 \pm \sqrt{5^2 - 4 \times \boxed{コ} \times 2}}{2 \times 3}$$

$$= \frac{-5 \pm \sqrt{25 - \boxed{サ}}}{6} = \frac{-5 \pm \boxed{シ}}{6}$$

よって $x = \boxed{ス}$，$x = -1$ ←別々に計算する $\begin{bmatrix} \frac{-5+1}{6} \\ \frac{-5-1}{6} \end{bmatrix}$

2 [組合せの総数の計算] 次の値を求めなさい。

組合せの総数 $_nC_r$

異なる n 個のものから r 個
取る組合せの総数は

$$_nC_r = \frac{_nP_r}{r!}$$

$$= \frac{n(n-1)\cdots(n-r+1)}{r(r-1) \times \cdots \times 3 \times 2 \times 1}$$

ただし $_nC_0 = 1$ と決める。

(1) 7 からはじめて 3 個の積

$$_7C_3 = \frac{\boxed{セ} \times 6 \times 5}{3 \times 2 \times 1} = \boxed{ソ}$$

3 からはじめて 3 個の積

$_nC_r$ の計算のくふう

$$_nC_r = {}_nC_{n-r}$$
また，$r = n$ のとき
$$_nC_n = {}_nC_0 = 1$$

値を小さくし計算を楽に

(2) $_{12}C_{10} = {}_{12}C_{\boxed{タ}} = \dfrac{12 \times 11}{2 \times 1} = \boxed{チ}$

↑ たすと 12 →

DRILL ◆ドリル◆

 1 解の公式を用いて，次の2次方程式を解きなさい。

(1) $x^2 + 3x - 1 = 0$

(2) $x^2 - 2x - 5 = 0$

(3) $3x^2 + 4x - 1 = 0$

(4) $3x^2 - 5x + 2 = 0$

(5) $10x^2 + 3x - 1 = 0$

(6) $25x^2 - 10x + 1 = 0$

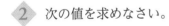 **2** 次の値を求めなさい。

(1) $_9C_2$

(2) $_8C_3$

(3) $_9C_4$

(4) $_{10}C_0$

(5) $_{10}C_7$

(6) $_{20}C_{18}$

検

1 整式の乗法

1 次の式を展開しなさい。

(1) $(2x+3)(2x-3) = (\boxed{})^2 - 3^2$　←乗法公式$\boxed{1}$

$\qquad\qquad\qquad = \boxed{}\,x^2 - 9$

(2) $(x+7)^2 = x^2 + 2 \times x \times 7 + 7^2$　←乗法公式$\boxed{2}$

$\qquad\qquad = x^2 + \boxed{}\,x + 49$

(3) $(4x-1)^2 = (4x)^2 - 2 \times 4x \times 1 + 1^2$　←乗法公式$\boxed{3}$

$\qquad\qquad = \boxed{}\,x^2 - 8x + 1$

(4) $(x+\boxed{4})(x-\boxed{6}) = x^2 + \{\underbrace{\boxed{4}+(\boxed{-6})}_{a+b}\}x + \underbrace{\boxed{4}\times(\boxed{-6})}_{a\times b}$

$\qquad\qquad\quad \underset{a}{\uparrow}\qquad \underset{b}{\uparrow}$

$\qquad\qquad = x^2 - \boxed{}\,x - 24$　←乗法公式$\boxed{4}$

(5) $(2x+5)(3x+1)$

$\qquad \underset{a}{\uparrow}\ \ \underset{b}{\uparrow}\ \ \underset{c}{\uparrow}\ \ \underset{d}{\uparrow}$

$= \underbrace{(2\times3)}_{a\times c}x^2 + \underbrace{(2\times1+5\times3)}_{a\times d+b\times c}x + \underbrace{5\times1}_{b\times d}$

$= 6x^2 + \boxed{}\,x + 5$　←乗法公式$\boxed{5}$

(6) $(3x+4)(2x-1)$

$\qquad \underset{a}{\uparrow}\ \ \underset{b}{\uparrow}\ \ \underset{c}{\uparrow}\ \ \underset{d}{\uparrow}$

$= \underbrace{(3\times2)}_{a\times c}x^2 + \underbrace{\{3\times(-1)+4\times2\}}_{a\times d+b\times c}x + \underbrace{4\times(-1)}_{b\times d}$

$= 6x^2 + \boxed{}\,x - 4$　←乗法公式$\boxed{5}$

2 次の式を展開しなさい。

(1) $(\boxed{x}+\boxed{6})^3 = \boxed{x}^3 + 3\times\boxed{x}^2\times\boxed{6} + 3\times\boxed{x}\times\boxed{6}^2 + \boxed{6}^3$

$\quad (\boxed{a}+\boxed{b})^3 = \boxed{a}^3 + 3\times\boxed{a}^2\times\boxed{b} + 3\times\boxed{a}\times\boxed{b}^2 + \boxed{b}^3$

$\qquad\qquad = x^3 + \boxed{}\,x^2 + \boxed{}\,x + 216$

(2) $(\boxed{2x}-\boxed{4})^3 = (\boxed{2x})^3 - 3\times(\boxed{2x})^2\times\boxed{4} + 3\times(\boxed{2x})\times\boxed{4}^2 - \boxed{4}^3$

$\quad (\boxed{a}-\boxed{b})^3 = \boxed{a}^3 - 3\times\boxed{a}^2\times\boxed{b} + 3\times\boxed{a}\times\boxed{b}^2 - \boxed{b}^3$

$\qquad\qquad = 8x^3 - \boxed{}\,x^2 + \boxed{}\,x - 64$

乗法公式

$\boxed{1}$ $(a+b)(a-b)$
$\quad = a^2 - b^2$

$\boxed{2}$ $(a+b)^2$
$\quad = a^2 + 2ab + b^2$

$\boxed{3}$ $(a-b)^2$
$\quad = a^2 - 2ab + b^2$

$\boxed{4}$ $(x+a)(x+b)$
$\quad = x^2 + (a+b)x + ab$

$\boxed{5}$ $(ax+b)(cx+d)$
$\quad = acx^2 + (ad+bc)x + bd$

$(a+b)^3$, $(a-b)^3$ の展開

$\boxed{1}$ $(a+b)^3$
$\quad = a^3 + 3a^2b + 3ab^2 + b^3$

$\boxed{2}$ $(a-b)^3$
$\quad = a^3 - 3a^2b + 3ab^2 - b^3$

DRILL ◆ドリル◆

 次の式を展開しなさい。

(1) $(4x+2)(4x-2)$

(2) $(2x+5)(2x-5)$

(3) $(x+9)^2$

(4) $(x-5)^2$

(5) $(2x+3)^2$

(6) $(4x-7)^2$

(7) $(x+3)(x+2)$

(8) $(x+3)(x-7)$

(9) $(x-2)(x-8)$

(10) $(3x+4)(x+1)$

(11) $(2x-3)(3x-5)$

(12) $(3x+1)(5x-2)$

 次の式を展開しなさい。

(1) $(x+5)^3$

(2) $(x-3)^3$

(3) $(4x+1)^3$

(4) $(4x-3)^3$

検

2 因数分解

1 次の式を因数分解しなさい。

(1) $3ab^2 - 9ab = \boxed{3ab} \times b - \boxed{3ab} \times 3$ ←共通な因数を取り出す

$\qquad = \boxed{3ab}(b - \boxed{\text{ア}\;})$

(2) $25x^2 - 9 = (5x)^2 - 3^2 = (5x+3)(5x - \boxed{\text{イ}\;})$ ←因数分解の公式①

$\qquad\qquad a^2 - b^2 = (a+b)(a-b)$

(3) $4x^2 + 4x + 1 = (2x)^2 + 2 \times 2x \times 1 + 1^2 = (\boxed{\text{ウ}\;}x+1)^2$

$\qquad\qquad a^2 + 2 \times a \times b + b^2 = (a+b)^2$ 因数分解の公式②

(4) $x^2 - 6x + 9 = x^2 - 2 \times x \times 3 + 3^2 = (x - \boxed{\text{エ}\;})^2$ ←因数分解の公式③

$\qquad\qquad a^2 - 2 \times a \times b + b^2 = (a-b)^2$

(5) $x^2 - 8x + 12 = x^2 + \{(-2)+(-6)\}x + (-2) \times (-6)$

$\qquad\qquad$ 和が -8, 積が 12 になる数

$\qquad = (x-2)(x - \boxed{\text{オ}\;})$ ←因数分解の公式④

(6) $x^2 - 3x - 18 = x^2 + \{3+(-6)\}x + 3 \times (-6)$

$\qquad\qquad$ 和が -3, 積が -18 になる数

$\qquad = (x+3)(x - \boxed{\text{カ}\;})$ ←因数分解の公式④

共通な因数を取り出す

$ma + mb = m(a+b)$

因数分解の公式

① $a^2 - b^2 = (a+b)(a-b)$

② $a^2 + 2ab + b^2 = (a+b)^2$

③ $a^2 - 2ab + b^2 = (a-b)^2$

④ $x^2 + \underset{\text{和}}{(a+b)}x + \underset{\text{積}}{ab}$

$\quad = (x+a)(x+b)$

---

2 次の式を因数分解しなさい。

$3x^2 - x - 2$

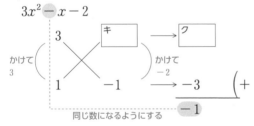

よって $\quad 3x^2 - x - 2 = (3x + \boxed{\text{ケ}\;})(x-1)$

因数分解の公式

⑤ $acx^2 + (ad+bc)x + bd$

$\quad = (ax+b)(cx+d)$

---

3 次の式を因数分解しなさい。

(1) $x^3 + 27 = x^3 + \boxed{\text{コ}\;}^3$

$\qquad = (x + \boxed{\text{サ}\;})(x^2 - x \times \boxed{\text{シ}\;} + \boxed{\text{ス}\;}^2)$

$\qquad\qquad a^3 + b^3 = (a + b)(a^2 - a \times b + b^2)$

$\qquad = (x+3)(x^2 - 3x + 9)$

(2) $125x^3 - 1$

$\qquad = (\boxed{\text{セ}\;}x)^3 - 1^3$

$\qquad = (\boxed{\text{ソ}\;}x - 1)\{(\boxed{\text{タ}\;}x)^2 + \boxed{\text{チ}\;}x \times 1 + 1^2\}$

$\qquad\qquad a^3 - b^3 = (a - b)(a^2 + a \times b + b^2)$

$\qquad = (5x-1)(25x^2 + 5x + 1)$

$a^3 + b^3$, $a^3 - b^3$ の因数分解

① $a^3 + b^3$

$\quad = (a+b)(a^2 - ab + b^2)$

② $a^3 - b^3$

$\quad = (a-b)(a^2 + ab + b^2)$

DRILL ◆ドリル◆

 次の式を因数分解しなさい。

(1) $4a^2b + 8ab^2$

(2) $5x^2yz^2 + 10xy^2z - 15xyz^2$

(3) $16x^2 - 25$

(4) $64x^2 - 49$

(5) $x^2 - 20x + 100$

(6) $25x^2 + 20x + 4$

(7) $x^2 + 5x + 4$

(8) $x^2 + 11x + 30$

(9) $x^2 - 4x - 45$

(10) $x^2 + 4x - 32$

2 次の式を因数分解しなさい。

(1) $5x^2 + 6x + 1$

(2) $3x^2 - 5x - 2$

(3) $6x^2 + 5x + 1$

(4) $6x^2 - 7x + 1$

3 次の式を因数分解しなさい。

(1) $x^3 + 64$

(2) $27x^3 - 1$

(3) $27x^3 + 8$

(4) $125x^3 - 8$

検

3 二項定理

1 パスカルの三角形を用いて，$(a+b)^6$ を展開しなさい。

解

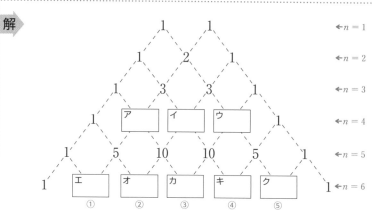

よって展開した式は，次のようになる。

$$(a+b)^6 = a^6 + \underset{①}{6a^5b} + \underset{②}{15a^4b^2} + \underset{③}{20a^3b^3} + \underset{④}{15a^2b^4} + \underset{⑤}{6ab^5} + b^6$$

2 二項定理を用いて，$(x+3)^4$ を展開しなさい。

解 $(x+3)^4$

$$= {}_4C_0\,x^4 + {}_4C_1\,x^3 \times 3 + \boxed{ケ}\,x^2 \times 3^2 + {}_4C_3\,\boxed{コ} \times 3^3 + {}_4C_4 \times \boxed{サ}^4$$

ここで $\underset{{}_4C_0 = {}_4C_{4-0}}{{}_4C_0 = {}_4C_4} = \boxed{シ}$

$\underset{{}_4C_1 = {}_4C_{4-1}}{{}_4C_1 = {}_4C_3} = \boxed{ス}$

④からはじめて②個

②からはじめて②個

$${}_4C_2 = \frac{4 \times 3}{2 \times 1} = \boxed{セ}$$

よって $(x+3)^4 = x^4 + 12x^3 + 54x^2 + 108x + 81$

3 二項定理を用いて，$(2x+1)^4$ を展開しなさい。

解 $(2x+1)^4$

$$= {}_4C_0\,(2x)^4 + \boxed{ソ}\,(2x)^3 \times 1 + {}_4C_2\,(\boxed{タ})^2 \times 1^2$$

$$+ {}_4C_3\,(2x) \times \boxed{チ}^3 + {}_4C_4 \times 1^4$$

よって，$(2x+1)^4 = \boxed{ツ}\,x^4 + 32x^3 + \boxed{テ}\,x^2 + 8x + 1$

パスカルの三角形

$(a+b)^n$ を展開した式の各項の係数だけを取り出して，下の図のように三角形状に並べたものをパスカルの三角形という。

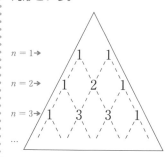

二項定理

$(a+b)^n =$
${}_nC_0\,a^n + {}_nC_1\,a^{n-1}b + \cdots$
$\cdots + {}_nC_r\,a^{n-r}b^r + \cdots$
$\cdots + {}_nC_n\,b^n$

組合せの総数 ${}_nC_r$

異なる n 個のものから r 個取る組合せの総数は

$${}_nC_r = \frac{{}_nP_r}{r!}$$

$$= \frac{n(n-1)\cdots(n-r+1)}{r(r-1)\times\cdots\times3\times2\times1}$$

ただし ${}_nC_0 = 1$ と決める。

${}_nC_r$ の計算のくふう

${}_nC_r = {}_nC_{n-r}$
また，$r = n$ のとき
${}_nC_n = {}_nC_0 = 1$

DRILL ◆ドリル◆

 1 パスカルの三角形を用いて，次の式を展開しなさい。

(1) $(a+b)^5$

(2) $(a+b)^8$

 2 二項定理を用いて，次の式を展開しなさい。

(1) $(x+2)^4$

(2) $(x+3)^5$

 3 二項定理を用いて，次の式を展開しなさい。

(1) $(3x+1)^4$

(2) $(2x+1)^5$

検

4 分数式

1 次の分数式を約分しなさい。

(1) $\dfrac{4a^2b^4}{6a^3b^3} = \dfrac{\overset{2}{\cancel{4}}\,\overset{1}{\cancel{a^2}}\,\overset{b}{\cancel{b^4}}}{\underset{3}{\cancel{6}}\,\underset{a}{\cancel{a^3}}\,\underset{1}{\cancel{b^3}}} = \dfrac{\boxed{ア}\,b}{3a}$

(2) $\dfrac{x^2-x-12}{x^2+8x+15}$　←分子・分母を因数分解する

$= \dfrac{(x+3)(x-\boxed{イ})}{(x+3)(x+5)} = \dfrac{x-\boxed{ウ}}{x+5}$

2 次の計算をしなさい。

(1) $\dfrac{x-3}{x+5} \times \dfrac{x+3}{x-3} = \dfrac{(x-3)(x+3)}{(x+5)(x-3)} = \dfrac{x+3}{x+\boxed{エ}}$

(2) $\dfrac{x+2}{x-3} \times \dfrac{x^2-2x-3}{x^2-4}$

$= \dfrac{x+2}{x-3} \times \dfrac{(x+1)(x-\boxed{オ})}{(x+2)(x-\boxed{カ})} = \dfrac{x+\boxed{キ}}{x-\boxed{ク}}$

(3) $\dfrac{x^2-x}{x^2+7x+12} \div \dfrac{x-1}{x+4}$　　$\div\blacksquare \to \times\dfrac{\square}{\blacksquare}$

$= \dfrac{x(x-1)}{(x+\boxed{ケ})(x+4)} \times \dfrac{x+4}{x-1} = \dfrac{x}{x+\boxed{コ}}$

3 次の計算をしなさい。

(1) $\dfrac{x}{x^2-1} + \dfrac{1}{x^2-1} = \dfrac{x+1}{x^2-1}$　←約分できるときは約分する

$= \dfrac{x+1}{(x-\boxed{サ})(x+1)} = \dfrac{1}{x-\boxed{シ}}$

(2) $\dfrac{2}{3x} + \dfrac{8}{y} = \dfrac{2\times y}{3x\times y} + \dfrac{8\times \boxed{ス}}{y\times 3x}$　←通分する

$= \dfrac{2y}{3xy} + \dfrac{\boxed{セ}}{3xy} = \dfrac{\boxed{ソ}+2y}{3xy}$

(3) $\dfrac{2}{x-2} - \dfrac{1}{x+1} = \dfrac{2(x+\boxed{タ})}{(x-2)(x+1)} - \dfrac{x-2}{(x+1)(x-2)}$

$= \dfrac{2x+\boxed{チ}-x+2}{(x-2)(x+1)} = \dfrac{x+\boxed{ツ}}{(x-2)(x+1)}$　←分母は展開しなくてよい

分数式

分母に文字を含んでいる式を分数式という。

分数式の約分

分数式は，分数と同じように，分母と分子に共通な因数があれば約分できる。

$\dfrac{A\times\cancel{C}}{B\times\cancel{C}} = \dfrac{A}{B}$

分母や分子が多項式のときは因数分解してから約分する。

分数式の乗法・除法

$\dfrac{A}{B} \times \dfrac{C}{D} = \dfrac{A\times C}{B\times D}$

$= \dfrac{AC}{BD}$

$\dfrac{A}{B} \div \dfrac{C}{D} = \dfrac{A}{B} \times \dfrac{D}{C}$

分母と分子を逆にしてかける

$= \dfrac{AD}{BC}$

分数式の加法・減法

$\dfrac{A}{C} + \dfrac{B}{C} = \dfrac{A+B}{C}$

$\dfrac{A}{C} - \dfrac{B}{C} = \dfrac{A-B}{C}$

分母が異なる分数式の加法・減法は，分数と同じように，通分してから計算する。

DRILL ◆ドリル◆

1 次の分数式を約分しなさい。

(1) $\dfrac{4a^4b^3}{2ab^4}$

(2) $\dfrac{x}{x^2+2x}$

(3) $\dfrac{x^2+4x+4}{x^2+x-2}$

(4) $\dfrac{x^3-x^2+x}{x^3+1}$

2 次の計算をしなさい。

(1) $\dfrac{x+4}{x+1}\times\dfrac{x+3}{x+4}$

(2) $\dfrac{x+6}{x-2}\times\dfrac{x-2}{x-7}$

(3) $\dfrac{x^2-1}{x^2+2x}\times\dfrac{x}{x+1}$

(4) $\dfrac{x+2}{x+4}\times\dfrac{x^2+5x+4}{x^2-x-6}$

(5) $\dfrac{x^2-6x+9}{x^2-2x-3}\div\dfrac{x-3}{x+5}$

(6) $\dfrac{2x+3}{x-4}\div\dfrac{2x^2+3x}{x^2-6x+8}$

3 次の計算をしなさい。

(1) $\dfrac{2x}{x+1}+\dfrac{2}{x+1}$

(2) $\dfrac{3}{a}+\dfrac{2}{b}$

(3) $\dfrac{1}{x}-\dfrac{1}{x+1}$

(4) $\dfrac{2x}{x+2}+\dfrac{x}{x-1}$

複素数と方程式 ①

1 次の式を展開しなさい。

(1) $(3x+1)(3x-1)$

(2) $(x-8)^2$

(3) $(x+4)(x+7)$

(4) $(x+5)(x-4)$

(5) $(2x+1)(2x-3)$

(6) $(5x-2)(3x-4)$

(7) $(4x-1)^3$

(8) $(2x+3)^3$

2 次の式を因数分解しなさい。

(1) $49x^2-25$

(2) $9x^2-12x+4$

(3) $x^2-4x-12$

(4) $x^2-16x-80$

(5) $3x^2+5x+2$

(6) $3x^2-8x-3$

(7) $2x^2+11x+5$

(8) $2x^2-13x-7$

(9) $125x^3+1$

(10) $64x^3-1$

3 二項定理を用いて，次の式を展開しなさい。

(1) $(x+1)^6$

(2) $(3x+1)^5$

 4 次の計算をしなさい。

(1) $\dfrac{c}{a^5b^3} \div \dfrac{2c}{a^2b^3}$

(2) $\dfrac{x+1}{x+2} \times \dfrac{x^2-4}{x^2-1}$

(3) $\dfrac{x^2+2x-15}{x^2-14x+49} \div \dfrac{x+5}{x-7}$

(4) $\dfrac{x^2-4x+4}{x^2+3x} \times \dfrac{x^2}{x-2} \div \dfrac{x-2}{x+3}$

(5) $\dfrac{2x^2}{x^2+1} + \dfrac{2}{x^2+1}$

(6) $\dfrac{3x+5}{x+1} - \dfrac{2}{x+1}$

(7) $\dfrac{3}{x+3} + \dfrac{x+1}{x-1}$

(8) $\dfrac{x+4}{x(x-2)} - \dfrac{3}{(x-2)(x-1)}$

5 複素数

1 次の □ にあてはまる数を入れなさい。

(1) -19 の平方根は $\boxed{\text{ア}}$ と $\boxed{\text{イ}}$　　←i は $\sqrt{}$ の外

(2) $\sqrt{-11} = \boxed{\text{ウ}}\,i$　　←$\sqrt{-\bullet} = \sqrt{\bullet}\,i$

(3) $-\sqrt{-18} = -\sqrt{\boxed{\text{エ}}}\,i = -3\sqrt{\boxed{\text{オ}}}\,i$

　　$\sqrt{\bullet^2 \times \blacktriangle} = \bullet\sqrt{\blacktriangle}$

(4) $x^2 = -64$ の解は，$x = \pm\sqrt{\boxed{\text{カ}}}\,i = \boxed{\text{キ}}$

2 $(x-2) + (y-4)i = 6-i$ が成り立つような，実数 x, y は

$x - 2 = \boxed{\text{ク}}$ かつ $y - 4 = \boxed{\text{ケ}}$ だから

$x = \boxed{\text{コ}}$, $y = \boxed{\text{サ}}$

3 次の計算をしなさい。

(1) $(2+3i) + (6-7i)$

$= (2+6) + (3 - \boxed{\text{シ}})i = 8 - \boxed{\text{ス}}\,i$

(2) $(-3+4i) - (1-2i)$

$= (-3 - \boxed{\text{セ}}) + (4+2)i = -\boxed{\text{ソ}} + 6i$

(3) $(4-3i)(2+i) = 8 + 4i - \boxed{\text{タ}}\,i - \boxed{\text{チ}}\,i^2$　　←$i^2 = -1$

$= 8 - \boxed{\text{ツ}}\,i - \boxed{\text{テ}} \times (-1)$

$= \boxed{\text{ト}} - \boxed{\text{ナ}}\,i$

4 次の複素数と共役な複素数を求めなさい。

(1) $2+6i$ と共役な複素数は $2\boxed{\text{ニ}}6i$　　←$+$ か $-$ を記入

(2) $-3i$ と共役な複素数は $\boxed{\text{ヌ}}\,i$　　←$-3i$ は $0-3i$ と考える

5 $(9+7i) \div (1+3i)$ を計算しなさい。

解 $(9+7i) \div (1+3i) = \dfrac{9+7i}{1+3i}$　　←わり算は分数の形に直して計算する

$= \dfrac{(9+7i)(1-3i)}{(1+3i)(1-3i)} = \dfrac{9 - \boxed{\text{ネ}}\,i + 7i - 21i^2}{1 - \boxed{\text{ノ}}\,i^2}$

↑分母と共役な複素数 $1-3i$ を，分母と分子にかける

$= \dfrac{\boxed{\text{ハ}} - \boxed{\text{ヒ}}\,i}{\boxed{\text{フ}}} = \boxed{\text{ヘ}} - \boxed{\text{ホ}}\,i$　　←約分する

虚数単位 i

2 乗すると -1 になる数を虚数単位といい，i で表す。

$i^2 = -1$

負の数の平方根

$a > 0$ のとき，$-a$ の平方根は $\sqrt{a}\,i$ と $-\sqrt{a}\,i$

複素数と虚数

実数 a, b を用いて

$a + bi$

の形で表される数を複素数という。複素数 $a+bi$ は，$b=0$ のとき，実数 a を表す。$b \neq 0$ のとき，実数でない複素数を表し，これを虚数という。

複素数の相等

a, b, c, d を実数とするとき，

$a + bi = c + di$

が成り立つのは，

$a = c$ かつ $b = d$

のときである。

複素数の和・差・積

複素数の計算では，i を一般の文字と同じように計算し，i^2 は -1 におきかえる。

共役な複素数

2 つの複素数 $a+bi$，$a-bi$ を，たがいに共役な複素数という。

複素数の商

分母と共役な複素数を，分母と分子にかけて分母を実数にする。

$(a+bi)(a-bi)$
$= a^2 - b^2i^2$
$= a^2 + b^2$

DRILL ◆ドリル◆

1 次の値を求めなさい。

(1) -10 の平方根

(2) -100 の平方根

2 次の数を i を用いて表しなさい。

(1) $\sqrt{-81}$

(2) $-\sqrt{-27}$

3 次の方程式を解きなさい。

(1) $x^2 = -49$

(2) $x^2 + 12 = 0$

4 次の等式が成り立つような，実数 x, y を求めなさい。

(1) $(x+3) + (y-2)i = 7 - 4i$

(2) $(4x+8) + (y-6)i = -5i$

5 次の計算をしなさい。

(1) $(-2+5i) + (4-8i)$

(2) $(1+2i) - (4-i)$

(3) $i(i+1)$

(4) $(4-5i)(1-2i)$

(5) $(1+i)^2$

(6) $(5-2i)^2$

6 次の複素数と共役な複素数を求めなさい。

(1) $-1 - \sqrt{3}\,i$

(2) $5i$

7 次の計算をしなさい。

(1) $2i \div (1+i)$

(2) $\dfrac{8+i}{2-3i}$

検

6 2次方程式

1 次の2次方程式を，解の公式を用いて解きなさい。

(1) $3x^2 + 7x + 1 = 0$　　　(2) $9x^2 + 6x + 1 = 0$

(3) $2x^2 - 3x + 4 = 0$

2次方程式の解の公式

2次方程式

$ax^2 + bx + c = 0$ の解は

$$x = \frac{-b \pm \sqrt{b^2 - 4ac}}{2a}$$

解が実数のとき，その解を実数解といい，解が虚数のとき，その解を虚数解という。とくに，$b^2 - 4ac = 0$ のとき，実数解が重なったと考え，その解を重解という。

解 (1) $x = \dfrac{-7 \pm \sqrt{7^2 - 4 \times \boxed{ア} \times 1}}{2 \times 3} = \dfrac{-7 \pm \sqrt{\boxed{イ}}}{6}$

(2) $x = \dfrac{-\boxed{ウ} \pm \sqrt{\boxed{エ}^2 - 4 \times 9 \times 1}}{2 \times 9}$

$= \dfrac{-\boxed{オ}}{18} = \boxed{カ}$

(3) $x = \dfrac{-(-3) \pm \sqrt{(-3)^2 - 4 \times 2 \times \boxed{キ}}}{2 \times 2}$

$= \dfrac{3 \pm \sqrt{-\boxed{ク}}}{4} = \dfrac{3 \pm \sqrt{\boxed{ケ}}\,i}{4}$ ← $\sqrt{-\bullet} = \sqrt{\bullet}\,i$

2 次の2次方程式の解を判別しなさい。

(1) $3x^2 - 5x + 1 = 0$

$D = (-5)^2 - 4 \times 3 \times 1 = \boxed{コ} > 0$

よって，異なる2つの実数解である。

(2) $4x^2 + 12x + 9 = 0$

$D = 12^2 - 4 \times 4 \times 9 = \boxed{サ}$

よって，重解である。

(3) $2x^2 + 4x + 3 = 0$

$D = 4^2 - \boxed{シ} \times 2 \times 3 = -\boxed{ス} < 0$

よって，異なる2つの虚数解である。

2次方程式の解の判別

$ax^2 + bx + c = 0$ の判別式を $D = b^2 - 4ac$ とする。

$D > 0 \Leftrightarrow$ 異なる2つの実数解

$D = 0 \Leftrightarrow$ 重解

$D < 0 \Leftrightarrow$ 異なる2つの虚数解

3 2次方程式 $9x^2 + 6x - k = 0$ が異なる2つの虚数解をもつような定数 k の値の範囲を求めなさい。

解 判別式を D とすると，

$D = \boxed{セ}^2 - 4 \times \boxed{ソ} \times (-k) = 36 + 36k$

$D\boxed{タ}0$ だから　$36 + 36k\boxed{チ}0$

不等号を記入

これを解いて　$k < \boxed{ツ}$

DRILL ◆ドリル◆

1 次の 2 次方程式を，解の公式を用いて解きなさい。

(1) $x^2 + 7x - 1 = 0$

(2) $4x^2 - 4x + 1 = 0$

(3) $2x^2 + 3x + 5 = 0$

(4) $x^2 - 3x + 3 = 0$

(5) $x^2 + 4x + 7 = 0$

(6) $x^2 - 2x + 5 = 0$

(7) $3x^2 + 2x + 1 = 0$

(8) $9x^2 - 6x + 2 = 0$

2 次の 2 次方程式の解を判別しなさい。

(1) $x^2 + 3x + 4 = 0$

(2) $2x^2 - 6x + 3 = 0$

(3) $16x^2 - 8x + 1 = 0$

(4) $x^2 + x + 1 = 0$

3 2 次方程式 $4x^2 - 8x - k = 0$ が異なる 2 つの実数解をもつような定数 k の値の範囲を求めなさい。

検

7 解と係数の関係

1 2次方程式 $2x^2 - 3x + 6 = 0$ の2つの解の和と積を求めなさい。

> **解と係数の関係**
>
> 2次方程式
> $ax^2 + bx + c = 0$ の2つの解を $\alpha,\ \beta$ とすると
> $$\alpha + \beta = -\frac{b}{a}$$
> $$\alpha\beta = \frac{c}{a}$$

解 2つの解を $\alpha,\ \beta$ とすると

和　$\alpha + \beta = -\dfrac{\boxed{}^{ア}}{2} = \dfrac{3}{2}$　←$-\dfrac{b}{a}$

積　$\alpha\beta = \dfrac{6}{2} = \boxed{}^{イ}$　←$\dfrac{c}{a}$

2 2次方程式 $x^2 + 3x - 4 = 0$ の2つの解を $\alpha,\ \beta$ とするとき，次の式の値を求めなさい。

(1)　$\alpha^2\beta + \alpha\beta^2$　　　(2)　$(\alpha+1)(\beta+1)$　　　(3)　$\alpha^2 + \beta^2$

解 解と係数の関係から　←まず，$\alpha+\beta,\ \alpha\beta$ を求める

$$\alpha + \beta = -\frac{3}{\boxed{}^{ウ}} = -3 \quad ←-\frac{b}{a}$$

$$\alpha\beta = \frac{\boxed{}^{エ}}{1} = \boxed{}^{オ} \quad ←\frac{c}{a}$$

(1)　$\alpha^2\beta + \alpha\beta^2 = \alpha\beta(\alpha + \beta)$　←共通因数 $\alpha\beta$ を取り出す

$$= \boxed{}^{カ} \times (-3) = \boxed{}^{キ}$$

(2)　$(\alpha+1)(\beta+1) = \alpha\beta + \alpha + \beta + 1$　←式を展開する

$$= \boxed{}^{ク} + (-3) + 1 = \boxed{}^{ケ}$$

(3)　$\alpha^2 + \beta^2 = (\alpha+\beta)^2 - 2\alpha\beta$　←$(\alpha+\beta)^2 = \alpha^2 + 2\alpha\beta + \beta^2$ を変形

$$= (\boxed{}^{コ})^2 - 2 \times (\boxed{}^{サ}) = \boxed{}^{シ}$$

3 次の2つの数を解とする2次方程式を求めなさい。

> **2つの数を解とする2次方程式**
>
> 2つの数 $\alpha,\ \beta$ を解とする2次方程式は
> $$x^2 - \underset{和}{(\alpha+\beta)}x + \underset{積}{\alpha\beta} = 0$$

(1)　$3 + \sqrt{2},\ 3 - \sqrt{2}$

和　$(3+\sqrt{2}) + (3-\sqrt{2}) = \boxed{}^{ス}$

積　$(3+\sqrt{2})(3-\sqrt{2}) = 3^2 - (\sqrt{2})^2 = \boxed{}^{セ}$

よって　$x^2 - \underset{和}{6}x + \underset{積}{\boxed{}^{ソ}} = 0$

(2)　$2 + i,\ 2 - i$

和　$(2+i) + (2-i) = 4$

積　$(2+i)(2-i) = 2^2 - \boxed{}^{タ\,2} = \boxed{}^{チ}$　←$i^2 = -1$

よって　$x^2 - \underset{和}{4}x + \underset{積}{\boxed{}^{ツ}} = 0$

DRILL ◆ドリル◆

 1 次の2次方程式の2つの解の和と積を求めなさい。

(1)　$3x^2 - 6x - 5 = 0$

(2)　$x^2 + 2x + 5 = 0$

(3)　$x^2 - 7x - 3 = 0$

(4)　$5x^2 + 6x + 1 = 0$

2 2次方程式 $x^2 - 2x + 3 = 0$ の2つの解を α, β とするとき，次の式の値を求めなさい。

(1)　$\alpha^2\beta + \alpha\beta^2$

(2)　$(\alpha + 1)(\beta + 1)$

(3)　$\alpha^2 + \beta^2$

(4)　$\dfrac{1}{\alpha} + \dfrac{1}{\beta}$

3 次の2つの数を解とする2次方程式を求めなさい。

(1)　3, 7

(2)　4, -5

(3)　$4 + \sqrt{5}$, $4 - \sqrt{5}$

(4)　$6 + 2i$, $6 - 2i$

検

まとめの問題 複素数と方程式 ❷

1 次の等式が成り立つような，実数 x，y を求めなさい。

(1) $(x+2)+(2x-y)i = -3-7i$

(2) $(x+2y)-yi = 1+7i$

2 次の計算をしなさい。

(1) $(3-7i)-(4-5i)$

(2) i^4

(3) $(1-i)^2$

(4) $(2+3i)^2$

(5) $(1+3i)(3-i)$

(6) $(5-3i)(5+3i)$

(7) $\dfrac{-8+i}{2+3i}$

(8) $\dfrac{3+4i}{3-4i}$

3 次の2次方程式を，解の公式を用いて解きなさい。

(1) $4x^2-3x+2=0$

(2) $x^2+4x+5=0$

(3) $x^2-2x+3=0$

(4) $7x^2-2x+1=0$

次の2次方程式の解を判別しなさい。

(1) $2x^2 - 7x + 4 = 0$

(2) $3x^2 - 4x + 6 = 0$

(3) $9x^2 - 6x + 1 = 0$

(4) $x^2 + 2x + 2 = 0$

 2次方程式 $x^2 + 4x + k - 1 = 0$ が異なる2つの実数解をもつような定数 k の値の範囲を求めなさい。

 2次方程式 $x^2 + 5x + 2 = 0$ の2つの解を α, β とするとき，次の式の値を求めなさい。

(1) $\alpha^2\beta + \alpha\beta^2$

(2) $\alpha^2 + \beta^2$

(3) $(\alpha - \beta)^2$

(4) $\dfrac{\beta}{\alpha} + \dfrac{\alpha}{\beta}$

$\boxed{7}$ 2つの数 $7 + \sqrt{2}\,i$, $7 - \sqrt{2}\,i$ を解とする2次方程式を求めなさい。

検

8 整式の除法

1 次の計算をして，商と余りを求めなさい。

(1) $(2x^2 + 6x + 9) \div (x + 1)$

(2) $(x^3 - 3x^2 + 2) \div (x - 2)$

整式の除法（わり算）

先頭の項が次々と消えるように商をたてる。
また，

$$\binom{\text{余りの式}}{\text{の次数}} < \binom{\text{わる式}}{\text{の次数}}$$

が成り立つ。

解 (1)

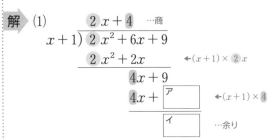

```
            2 x + 4   …商
    x + 1 ) 2 x² + 6x + 9
            2 x² + 2x        ← (x + 1) × 2 x
              4x + 9
              4x + [ア]      ← (x + 1) × 4
                 [イ]        …余り
```

よって，商は $2x + 4$，余りは 5

(2)

```
              x² − x − 2   …商
    x − 2 ) x³ − 3x² (        ) + 2   ← x の項の位置をあけておく
            x³ − 2x²            ← (x − 2) × x²
              − x²
              − x² + [ウ] x    ← (x − 2) × (− x)
                  − [エ] x + 2
                  − [オ] x + [カ]   ← (x − 2) × (− 2)
                     − [キ]    …余り
```

よって，商は $x^2 - x - 2$，余りは -2

2 整式 $A = x^3 + x^2 - 7x + 6$ をある整式 B でわったら，商 Q が $x^2 + 3x - 1$，余り R が 4 となった。整式 B を求めなさい。

整式の除法の関係

```
      Q   …商
   B ) A
      ……
      ……
      R   …余り
```

整式 A を整式 B でわったときの商を Q，余りを R とすると

$$A = B \times Q + R$$

が成り立つ。ただし，R の次数は B の次数より低い。

解 $A = B \times Q + R$ の関係から

$$x^3 + x^2 - 7x + 6 = B \times (x^2 + \boxed{\text{ク}} \, x - 1) + 4$$

が成り立つ。右辺の 4 を移項して整理すると

$$x^3 + x^2 - 7x + 2$$
$$= B \times (x^2 + \boxed{\text{ケ}} \, x - 1)$$

よって，

$$B = (x^3 + x^2 - 7x + 2)$$
$$\div (x^2 + \boxed{\text{コ}} \, x - 1)$$
$$= x - \boxed{\text{サ}}$$

```
                      x − [シ]
    x² + 3x − 1 ) x³ +  x² − 7x + 2
                 x³ + 3x² −  x
                  − 2x² − 6x + 2
                  − 2x² − 6x + 2
                              0
```

DRILL ◆ドリル◆

 次の計算をして，商と余りを求めなさい。

(1) $(2x^2 + 5x + 7) \div (x + 2)$

(2) $(6x^2 + 5x - 9) \div (2x - 1)$

(3) $(x^3 + 2x^2 - x + 4) \div (x - 1)$

(4) $(x^3 - 5x + 1) \div (x + 3)$

 次の問いに答えなさい。

(1) 整式 $A = 8x^2 - 2x - 9$ をある整式 B でわったら，商 Q が $2x - 3$，余り R が 6 となった。整式 B を求めなさい。

(2) 整式 $A = x^3 - 2x^2 - 11x + 7$ をある整式 B でわったら，商 Q が $x^2 - 5x + 4$，余り R が -5 となった。整式 B を求めなさい。

検

9 剰余の定理と因数定理

1 $P(x) = x^3 + 3x^2 - 2x - 8$ のとき，次の値を求めなさい。

(1) $P(1)$　　　　　　　　(2) $P(-2)$

> **記号 $P(x)$**
>
> $x^2 + 3x - 2$ のような x についての整式を $P(x)$，$Q(x)$ などの記号を使って表す。また，$P(x)$ の x に -1 を代入した値を $P(-1)$ のように表す。

解 (1) $P(1) = 1^3 + 3 \times 1^2 - 2 \times 1 - 8 = -\boxed{\text{ア}}$

(2) $P(-2) = (-2)^3 + 3 \times (-2)^2 - 2 \times (-2) - 8$

$= \boxed{\text{イ}} + 12 + 4 - 8 = \boxed{\text{ウ}}$

2 $P(x) = x^3 - 5x + 2$ を次の式でわったときの余りを求めなさい。

(1) $x - 1$　　　　　　　　(2) $x + 2$

> **剰余の定理**
>
> 整式 $P(x)$ を $x - a$ でわったときの余りは $P(a)$

解 (1) $P(x)$ を $x - 1$ でわった余りは

$P(1) = 1^3 - 5 \times 1 + 2 = -\boxed{\text{エ}}$

(2) $P(x)$ を $x + 2$ でわった余りは

$P(-2) = (-2)^3 - 5 \times (-2) + 2 = \boxed{\text{オ}}$

3 $x^3 - 2x^2 + 5x - 4$ を因数分解しなさい。

> **因数定理**
>
> 整式 $P(x)$ において
> $P(a) = 0 \iff x - a$ は $P(x)$ の因数

解 $P(x) = x^3 - 2x^2 + 5x - 4$ とおく。

$P(1) = 1^3 - 2 \times 1^2 + 5 \times 1 - 4 = \boxed{\text{カ}}$ ←定数項 -4 の約数 $1, -1, 2, -2, 4, -4$ を代入して，$P(a) = 0$ となる a をさがす

よって，$x - 1$ は $P(x)$ の因数である。

> **因数の見つけ方**
>
> 定数項の約数を代入して調べる。

$P(x)$ を $x - 1$ でわって商を求めると

$$
\begin{array}{r}
x^2 - x + \boxed{\text{キ}} \\
x-1{\overline{\smash{\big)}\,x^3 - 2x^2 + 5x - 4}} \\
\underline{x^3 - x^2} \\
-x^2 + 5x \\
\underline{-x^2 + x} \\
4x - 4 \\
\underline{4x - 4} \\
0
\end{array}
$$

したがって

$x^3 - 2x^2 + 5x - 4 = (x - 1)(x^2 - x + \boxed{\text{ク}})$

DRILL ◆ドリル◆

 $P(x) = x^3 + x^2 - 4x + 6$ のとき，次の値を求めなさい。

(1) $P(1)$

(2) $P(3)$

(3) $P(-2)$

(4) $P(-3)$

2 $P(x) = x^3 - 2x^2 - 6x + 12$ を次の式でわったときの余りを求めなさい。

(1) $x - 1$

(2) $x - 2$

(3) $x + 1$

(4) $x + 3$

3 次の式を因数分解しなさい。

(1) $x^3 - 4x^2 + 4x - 3$

(2) $x^3 + 3x^2 + 9x + 7$

(3) $x^3 - 4x^2 + 7x - 6$

(4) $2x^3 + 5x^2 + 3x + 2$

検

10 高次方程式

1 次の方程式を解きなさい。

  (1) $x^3 + 2x^2 - 3x = 0$ (2) $x^4 - 4x^2 + 3 = 0$

高次方程式

次数が 3 以上の方程式を高次方程式という。

高次方程式の解き方

①因数分解を利用する。
②因数定理を利用する。

解 (1) 左辺を因数分解すると $x(x^2 + 2x - 3) = 0$

    $x(x + 3)(x - 1) = 0$ ←$ABC = 0$ ならば
                               $A = 0$ または $B = 0$ または $C = 0$

    よって $x = \boxed{}^{ア}$, -3, 1

(2) $x^2 = A$ とおくと, $x^4 = (x^2)^2 = A^2$ だから

    $A^2 - 4A + 3 = 0$ ←$x^4 - 4x^2 + 3 = 0$
                           ↓
    $(A - 1)(A - 3) = 0$ $(x^2)^2$ ↓
    $(x^2 - 1)(x^2 - 3) = 0$ $x^2 = A$ とおく
                             $A^2 - 4A + 3 = 0$

    よって $x^2 - 1 = 0$ または $x^2 - 3 = 0$

    したがって $x = \pm\boxed{}^{イ}$, $\pm\sqrt{3}$

2 次の方程式を解きなさい。

  (1) $x^3 - 7x + 6 = 0$ (2) $x^3 + 2x^2 + 4x + 3 = 0$

解 (1) $P(x) = x^3 - 7x + 6$ とおくと

    $P(1) = 1^3 - 7 \times 1 + 6 = 0$

  だから $x - \boxed{}^{ウ}$ は $P(x)$ の
  因数である。右のわり算より

    $P(x) = (x - 1)(x^2 + x - 6)$

         $= (x - 1)(x - \boxed{}^{エ})(x + \boxed{}^{オ})$

  方程式は $(x - 1)(x - \boxed{}^{カ})(x + \boxed{}^{キ}) = 0$

  よって $x = 1$, $\boxed{}^{ク}$, $-\boxed{}^{ケ}$

$$
\begin{array}{r}
x^2 + x - 6 \\
x - 1 \overline{)\, x^3 \phantom{-\underline{()}} - 7x + 6} \\
\underline{x^3 - x^2} \\
x^2 - 7x \\
\underline{x^2 - x} \\
-6x + 6 \\
\underline{-6x + 6} \\
0
\end{array}
$$

(2) $P(x) = x^3 + 2x^2 + 4x + 3$ とおくと

    $P(-1) = (-1)^3 + 2 \times (-1)^2 + 4 \times (-1) + 3 = 0$

  だから $x + \boxed{}^{コ}$ は $P(x)$ の
  因数である。右のわり算より

    $P(x) = (x + 1)(x^2 + x + 3)$

  方程式は $(x + 1)(x^2 + x + 3) = 0$

    $x + 1 = 0$, $x^2 + x + 3 = 0$ ←解の公式で解く

  よって $x = -1$, $\dfrac{-1 \pm \sqrt{\boxed{}^{サ}}\, i}{2}$

$$
\begin{array}{r}
x^2 + x + 3 \\
x + 1 \overline{)\, x^3 + 2x^2 + 4x + 3} \\
\underline{x^3 + x^2} \\
x^2 + 4x \\
\underline{x^2 + x} \\
3x + 3 \\
\underline{3x + 3} \\
0
\end{array}
$$

1 章 ● 複素数と方程式

DRILL ◆ドリル◆

 次の方程式を解きなさい。

(1) $x^3 - 4x^2 - 5x = 0$

(2) $x^3 + 5x^2 - 14x = 0$

(3) $x^4 - 5x^2 + 4 = 0$

(4) $x^4 - 11x^2 + 18 = 0$

 次の方程式を解きなさい。

(1) $x^3 - 6x^2 + 11x - 6 = 0$

(2) $x^3 - 3x^2 + 4 = 0$

(3) $x^3 - x^2 - x - 2 = 0$

(4) $x^3 - 3x^2 - 5x - 1 = 0$

検

まとめの問題

複素数と方程式 ❸

1 次の計算をして，商と余りを求めなさい。

(1) $(4x^2 - 5x - 7) \div (x + 1)$

(2) $(x^3 + x^2 - 3) \div (x - 2)$

(3) $(2x^2 - x + 8) \div (2x + 1)$

(4) $(4x^3 + 3x - 1) \div (2x + 1)$

2 整式 $A = 2x^2 - 3x - 7$ をある整式 B でわったら，商 Q が $x - 2$，余り R が -5 となった。整式 B を求めなさい。

3 次の式を因数分解しなさい。

(1) $x^3 + x^2 - 5x - 2$

(2) $x^3 - 4x - 3$

(3) $x^3 - 6x^2 + 11x - 6$

(4) $x^3 + x^2 - 8x - 12$

次の方程式を解きなさい。

(1) $x^3 - 3x^2 - 10x = 0$

(2) $x^3 - 20x^2 + 100x = 0$

(3) $x^4 - 8x^2 - 20 = 0$

(4) $x^4 - 1 = 0$

(5) $x^3 + 6x^2 + 11x + 6 = 0$

(6) $x^3 + 5x^2 + 3x - 9 = 0$

(7) $x^3 - x^2 + 9x - 9 = 0$

(8) $x^3 - 6x + 5 = 0$

(9) $x^3 - 2x - 4 = 0$

(10) $x^3 - 2x^2 + 2x + 5 = 0$

検

11 等式の証明

1 $(x+3y)^2 + (3x-y)^2 = 10(x^2+y^2)$ が成り立つことを証明しなさい。

等式の証明

等式 $A = B$ が成り立つことを証明するには
A を計算して $\cdots = C$
B を計算して $\cdots = C$
として，同じ式になることを示せばよい。

解 （左辺）$= (x+3y)^2 + (3x-y)^2$

$= (x^2+6xy+9y^2) + (9x^2-6xy+y^2)$

$= 10x^2 + \boxed{ア}\, y^2$

（右辺）$= 10(x^2+y^2) = 10x^2 + \boxed{イ}\, y^2$

よって，（左辺）$=$（右辺）となるから

$(x+3y)^2 + (3x-y)^2 = 10(x^2+y^2)$ が成り立つ。

2 $b-a=2$ のとき，$a^2+2b = b^2-2a$ が成り立つことを証明しなさい。

条件のある等式の証明(1)

$b = \bullet$ の形に変形する。
証明する式の左辺と右辺に代入して比較する。

解 $b-a=2$ だから $b = a+2$ ……①

証明する式の左辺と右辺に①を代入すると

（左辺）$= a^2 + 2b$ ← $b = a+2$ を代入

$= a^2 + 2(a+2) = a^2 + \boxed{ウ}\, a + \boxed{エ}$

（右辺）$= b^2 - 2a$ ← $b = a+2$ を代入

$= (a+2)^2 - 2a = a^2 + \boxed{オ}\, a + \boxed{カ}$

よって，（左辺）$=$（右辺）となるから

$b-a=2$ のとき，$a^2+2b = b^2-2a$ が成り立つ。

3 $\dfrac{a}{b} = \dfrac{c}{d}$ のとき，$\dfrac{a+2c}{b+2d} = \dfrac{a}{b}$ が成り立つことを証明しなさい。

条件のある等式の証明(2)

$\dfrac{a}{b} = \dfrac{c}{d} = k$ とおくと
$\dfrac{a}{b} = k,\ \dfrac{c}{d} = k$ から
$a = bk,\ c = dk$
証明する式の左辺と右辺に代入して比較する。

解 $\dfrac{a}{b} = \dfrac{c}{d} = k$ とおくと $a = \boxed{キ}\, k,\ c = dk$ ……①

証明する式の左辺と右辺に①を代入すると

（左辺）$= \dfrac{a+2c}{b+2d} = \dfrac{\boxed{ク}\, k + 2dk}{b+2d}$

$= \dfrac{k(b+2d)}{b+2d} = \boxed{ケ}$

（右辺）$= \dfrac{a}{b} = \boxed{コ}$

よって，（左辺）$=$（右辺）となるから

$\dfrac{a}{b} = \dfrac{c}{d}$ のとき，$\dfrac{a+2c}{b+2d} = \dfrac{a}{b}$ が成り立つ。

1 次の等式が成り立つことを証明しなさい。

(1) $(x+2y)^2 - 8xy = (x-2y)^2$

(2) $(a^2+2)(b^2+2) = (ab-2)^2 + 2(a+b)^2$

2 次の問いに答えなさい。

(1) $a+b=1$ のとき，$a^2+b=b^2+a$
が成り立つことを証明しなさい。

(2) $b-a=3$ のとき，$a^2+3b=b^2-3a$
が成り立つことを証明しなさい。

3 $\dfrac{a}{b} = \dfrac{c}{d}$ のとき，次の等式が成り立つことを証明しなさい。

(1) $\dfrac{2a-c}{2b-d} = \dfrac{a}{b}$

(2) $\dfrac{a}{a+b} = \dfrac{c}{c+d}$

検

12 不等式の証明

1 $x^2 + 9 \geqq 6x$ が成り立つことを証明しなさい。

不等式 $A \geqq B$ が成り立つことを証明するには，$A - B$ を計算して $A - B \geqq 0$ となることを示せばよい。

解 （左辺）$-$（右辺）$= (x^2 + 9) - 6x$

$$= x^2 - 6x + 9$$

$$= (x - \boxed{ア})^2 \geqq \boxed{イ} \quad \text{←（実数）}^2 \geqq 0$$

よって $(x^2 + 9) - 6x \geqq 0$ ←（左辺）$-$（右辺）$\geqq 0$

したがって，$x^2 + 9 \geqq 6x$ が成り立つ。

2 $a > b$ のとき，$3a + 2b > a + 4b$ が成り立つことを証明しなさい。

解 （左辺）$-$（右辺）$= (3a + 2b) - (a + 4b)$

$$= 3a + 2b - a - 4b$$

$$= 2a - 2b$$

$$= \boxed{ウ}(a - b) \quad \text{←共通な因数を取り出す}$$

ここで，$a > b$ だから $a - b > 0$

よって $2(a - b) > \boxed{エ}$ だから $(3a + 2b) - (a + 4b) > 0$

したがって $3a + 2b > a + 4b$

3 $a > 0$ のとき，$a + \dfrac{25}{a} \geqq 10$ が成り立つことを証明しなさい。

$a > 0$，$b > 0$ のとき
$$\frac{a + b}{2} \geqq \sqrt{ab}$$

解 $a > 0$ だから $\dfrac{25}{a} \boxed{オ} 0$ ←不等号を記入

相加平均・相乗平均の関係より

$$\frac{1}{2}\left(a + \frac{25}{a}\right) \geqq \sqrt{a \times \frac{25}{a}} = \boxed{カ}$$

よって $a + \dfrac{25}{a} \geqq 10$

別解

（左辺）$-$（右辺）$= a + \dfrac{25}{a} - 10 = \dfrac{a^2}{a} + \dfrac{25}{a} - \dfrac{10a}{a}$

$$= \frac{a^2 + 25 - 10a}{a} = \frac{(a - 5)^2}{a}$$

ここで，$a > 0$，$(a - 5)^2 \geqq 0$ だから $\dfrac{(a - 5)^2}{a} \geqq 0$

よって $a + \dfrac{25}{a} - 10 \geqq 0$ だから $a + \dfrac{25}{a} \geqq 10$

DRILL ◆ドリル◆

 1 次の不等式が成り立つことを証明しなさい。

(1) $x^2 + 49 \geqq 14x$

(2) $4a^2 + b^2 \geqq 4ab$

 2 $a > b$ のとき，次の不等式が成り立つことを証明しなさい。

(1) $2a + 5b > a + 6b$

(2) $\dfrac{a + 3b}{4} > \dfrac{a + 4b}{5}$

 3 $a > 0$，$b > 0$ のとき，次の不等式が成り立つことを証明しなさい。

(1) $a + \dfrac{16}{a} \geqq 8$

(2) $\dfrac{a}{b} + \dfrac{9b}{a} \geqq 6$

検

13 直線上の点の座標と内分・外分

1 次の2点間の距離を求めなさい。

(1) A(9), B(4)　　AB = 大きいほうの座標－小さいほうの座標

$$AB = \boxed{ア} - 4 = \boxed{イ}$$

(2) C(−2), D(5)

$$CD = 5 - (\boxed{ウ}) = \boxed{エ}$$

(3) E(−2), F(−6)

$$EF = \boxed{オ} - (\boxed{カ}) = \boxed{キ}$$

2 2点 A(−1), B(9) のとき, 次の点の座標を求めなさい。

(1) 線分 AB を 3 : 2 に内分する点 P の座標 x

(2) 線分 AB の中点 M の座標 x

(3) 線分 AB を 3 : 1 に外分する点 Q の座標 x

(4) 線分 AB を 1 : 3 に外分する点 R の座標 x

解 (1) $x = \dfrac{\boxed{ク} \times (-1) + 3 \times \boxed{ケ}}{3 + \boxed{コ}} = \dfrac{25}{5} = 5$

(2) $x = \dfrac{-1 + \boxed{サ}}{2} = \dfrac{8}{2} = 4$　←中点は 1 : 1 に内分する点

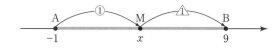

(3) $x = \dfrac{-\boxed{シ} \times (-1) + 3 \times \boxed{ス}}{3 - \boxed{セ}} = \dfrac{28}{2} = 14$

(4) $x = \dfrac{-\boxed{ソ} \times (-1) + 1 \times \boxed{タ}}{1 - \boxed{チ}} = \dfrac{12}{-2} = -6$

直線上の2点間の距離

数直線上の2点 A(a), B(b) について, A, B 間の距離 AB は

$a < b$ のとき

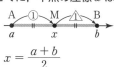

$$AB = b - a$$

AB = 大きいほうの座標

　　　−小さいほうの座標

直線上の内分点の座標

2点 A(a), B(b) を結ぶ線分 AB を $m : n$ に内分する点の座標 x は

$$x = \frac{na + mb}{m + n}$$

とくに, 中点の座標 x は

$$x = \frac{a + b}{2}$$

直線上の外分点の座標

2点 A(a), B(b) を結ぶ線分 AB を $m : n$ に外分する点の座標 x は

$$x = \frac{-na + mb}{m - n}$$

↑
内分の公式で
n を $-n$
におきかえたもの

$m > n$ のとき

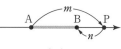

$m < n$ のとき

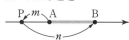

DRILL ◆ドリル◆

1 次の2点間の距離を求めなさい。

⑴ A(7), B(13)

⑵ C(−8), D(5)

⑶ E(2), F(−5)

⑷ G(−7), H(−3)

2 4点 A(−6), B(−2), C(4), D(10) のとき，次の点の座標を求めなさい。

⑴ 線分 CD を 2 : 1 に内分する点 P の座標 x

⑵ 線分 AC を 2 : 3 に内分する点 Q の座標 x

⑶ 線分 AB を 3 : 1 に内分する点 R の座標 x

⑷ 線分 BD を 1 : 3 に内分する点 S の座標 x

⑸ 線分 AB の中点 L の座標 x

⑹ 線分 AC の中点 M の座標 x

⑺ 線分 AB を 4 : 3 に外分する点 N の座標 x

⑻ 線分 CD を 3 : 2 に外分する点 O の座標 x

⑼ 線分 AC を 2 : 5 に外分する点 T の座標 x

⑽ 線分 BD を 1 : 4 に外分する点 U の座標 x

14 平面上の点の座標と内分・外分(1)

2章●図形と方程式

1 次の点は，それぞれ第何象限の点か答えなさい。

A(1, 3)，B(4, −2)，C(−4, −1)，D(−3, 2)

解 点 A(1, 3)，B(4, −2)，C(−4, −1)，D(−3, 2) を図に示すと，右のようになる。

よって，点 A は第1象限の点

点 B は第 $\boxed{\text{ア}}$ 象限の点

点 C は第 $\boxed{\text{イ}}$ 象限の点

点 D は第 $\boxed{\text{ウ}}$ 象限の点

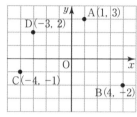

2 2点 A(1, 4)，B(−3, 1) 間の距離 AB を求めなさい。

解 $AB = \sqrt{(-3-\boxed{\text{エ}})^2 + (1-\boxed{\text{オ}})^2}$ ←三平方の定理を用いている

$= \sqrt{\boxed{\text{カ}} + 9}$

$= \sqrt{\boxed{\text{キ}}}$

$= \boxed{\text{ク}}$

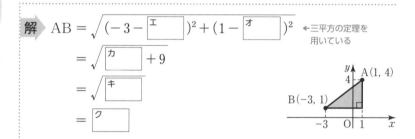

3 2点 A(0, 2)，B(5, 3) から等しい距離にある x 軸上の点 P の座標を求めなさい。

解 点 P は x 軸上にあるから，点 P の座標を $(x, 0)$ とすると

$AP = \sqrt{(x-0)^2 + (\boxed{\text{ケ}}-2)^2} = \sqrt{x^2 + \boxed{\text{コ}}}$

$BP = \sqrt{(x-5)^2 + (0-\boxed{\text{サ}})^2} = \sqrt{x^2 - 10x + 34}$

$AP = BP$ だから $AP^2 = BP^2$

よって $x^2 + \boxed{\text{シ}} = x^2 - 10x + 34$

$10x = \boxed{\text{ス}}$

$x = \boxed{\text{セ}}$

したがって，点 P の座標は $(\boxed{\text{ソ}}, \boxed{\text{タ}})$

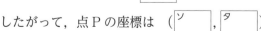

平面上の点の座標

平面上の点 P の x 座標が a，y 座標が b のとき，(a, b) を点 P の座標といい，点 P を P(a, b) で表す。

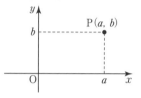

座標平面

座標で定められた平面を座標平面という。

象限

座標平面は，下の図のように x 軸と y 軸によって4つの部分に分けられ，それぞれ第1象限，第2象限，第3象限，第4象限という。ただし，x 軸と y 軸は，どの象限にも含まれない。

第2象限	第1象限
第3象限	第4象限

平面上の2点間の距離

2点 A(x_1, y_1)，B(x_2, y_2) 間の距離は

$AB = \sqrt{(x_2-x_1)^2 + (y_2-y_1)^2}$

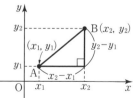

とくに，原点 O$(0, 0)$ と点 P(x, y) 間の距離は

$OP = \sqrt{x^2 + y^2}$

DRILL ◆ドリル◆

 次の点は，それぞれ第何象限の点か答えなさい。

(1) $A(-2,\ 6)$

(2) $B(-1,\ -5)$

(3) $C\left(\dfrac{1}{2},\ 5\right)$

(4) $D(7,\ -\sqrt{2})$

2 次の2点間の距離を求めなさい。

(1) $A(2,\ 3)$，$B(5,\ 7)$

(2) $C(-3,\ 2)$，$D(5,\ 5)$

(3) $E(4,\ 0)$，$F(-3,\ -1)$

(4) $O(0,\ 0)$，$P(-5,\ -4)$

3 2点 $A(0,\ 5)$，$B(4,\ 1)$ から等しい距離にある x 軸上の点 P の座標を求めなさい。

4 2点 $A(3,\ 0)$，$B(4,\ 7)$ から等しい距離にある y 軸上の点 P の座標を求めなさい。

15 平面上の点の座標と内分・外分(2)

1 2点 A$(-1, 3)$, B$(4, 8)$ のとき, 次の点の座標を求めなさい。

(1) 線分 AB を $3:2$ に内分する点 P の座標 (x, y)

(2) 線分 AB の中点 M の座標 (x, y)

(3) 線分 AB を $6:1$ に外分する点 Q の座標 (x, y)

解 (1) $x = \dfrac{2 \times (-1) + 3 \times \boxed{ア}}{3 + 2} = \dfrac{10}{5}$

$\qquad = 2$

$\qquad y = \dfrac{2 \times \boxed{イ} + 3 \times \boxed{ウ}}{3 + 2} = \dfrac{30}{5}$

$\qquad = 6$

よって, 点 P の座標は $(2, 6)$

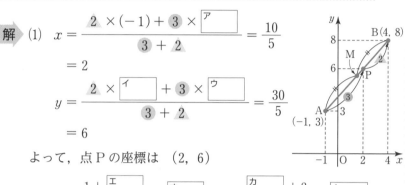

(2) $x = \dfrac{-1 + \boxed{エ}}{2} = \boxed{オ}$, $y = \dfrac{\boxed{カ} + 8}{2} = \boxed{キ}$

よって, 点 M の座標は $\left(\boxed{ク}, \boxed{ケ} \right)$

(3) $x = \dfrac{-1 \times (\boxed{コ}) + 6 \times \boxed{サ}}{6 - 1} = \dfrac{25}{5}$

$\qquad = \boxed{シ}$

$\qquad y = \dfrac{-1 \times \boxed{ス} + 6 \times \boxed{セ}}{6 - 1} = \dfrac{45}{5}$

$\qquad = \boxed{ソ}$

よって, 点 Q の座標は $\left(\boxed{タ}, \boxed{チ} \right)$

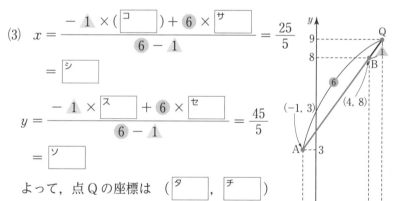

2 3点 A$(1, 5)$, B$(-5, -2)$, C$(10, -6)$ を頂点とする △ABC の重心 G の座標 (x, y) を求めなさい。

解 $x = \dfrac{1 + (-5) + 10}{3} = \dfrac{6}{3} = \boxed{ツ}$

$\qquad y = \dfrac{\boxed{テ} + (-2) + (-6)}{3} = \dfrac{-3}{3} = \boxed{ト}$

よって, 重心 G の座標は $\left(\boxed{ナ}, \boxed{ニ} \right)$

平面上の内分点の座標

2点 A(x_1, y_1), B(x_2, y_2) を結ぶ線分 AB を $m:n$ に内分する点の座標は

$$\left(\dfrac{nx_1 + mx_2}{m + n}, \dfrac{ny_1 + my_2}{m + n} \right)$$

とくに, 中点の座標は

$$\left(\dfrac{x_1 + x_2}{2}, \dfrac{y_1 + y_2}{2} \right)$$

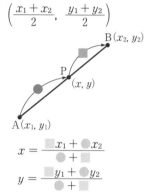

$x = \dfrac{\blacksquare x_1 + \bullet x_2}{\bullet + \blacksquare}$

$y = \dfrac{\blacksquare y_1 + \bullet y_2}{\bullet + \blacksquare}$

平面上の外分点の座標

2点 A(x_1, y_1), B(x_2, y_2) を結ぶ線分 AB を $m:n$ に外分する点の座標は

$$\left(\dfrac{-nx_1 + mx_2}{m - n}, \dfrac{-ny_1 + my_2}{m - n} \right)$$

外分点は, 内分点の座標の式の n を $-n$ におきかえたもの

三角形の重心の座標

3点 A(x_1, y_1), B(x_2, y_2), C(x_3, y_3) を頂点とする △ABC の重心 G の座標は

$$\left(\dfrac{x_1 + x_2 + x_3}{3}, \dfrac{y_1 + y_2 + y_3}{3} \right)$$

DRILL ◆ドリル◆

1 3点 A(2, 6)，B(5, −6)，C(−3, −4) のとき，次の点の座標を求めなさい。

(1) 線分 AB を 2：1 に内分する点 P の座標 $(x,\ y)$

(2) 線分 AC を 2：3 に内分する点 Q の座標 $(x,\ y)$

(3) 線分 BC の中点 M の座標 $(x,\ y)$

(4) 線分 AC の中点 N の座標 $(x,\ y)$

(5) 線分 AB を 3：1 に外分する点 R の座標 $(x,\ y)$

(6) 線分 BC を 1：3 に外分する点 S の座標 $(x,\ y)$

2 3点 A(3, 7)，B(8, −4)，C(−5, 6) を頂点とする △ABC の重心 G の座標 $(x,\ y)$ を求めなさい。

検

16 直線の方程式

1 次の ☐ にあてはまる数を入れなさい。

方程式 $y = -\dfrac{1}{2}x + 4$ は,

傾き $\boxed{^{ア}}$, 切片 $\boxed{^{イ}}$

の直線を表す。

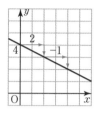

2 点 $A(-2, 3)$ を通り,傾きが 2 の直線の方程式を求めなさい。

解 $y - \boxed{^{ウ}} = \boxed{^{エ}}\{x - (-2)\}$

点 A の y 座標 　傾き 　点 A の x 座標

整理すると $y = 2x + \boxed{^{オ}}$

3 次の 2 点を通る直線の方程式を求めなさい。

(1) $A(1, 2)$, $B(3, -2)$ 　(2) $C(-2, 4)$, $D(-2, 1)$

解 (1) この直線の傾き m は

$$m = \frac{-2 - \boxed{^{カ}}}{3 - \boxed{^{キ}}} = \boxed{^{ク}}$$

よって,求める直線は

点 $(1, 2)$ を通り,傾きが -2 だから

$$y - 2 = \boxed{^{ケ}}(x - \boxed{^{コ}})$$

整理すると $y = -2x + \boxed{^{サ}}$

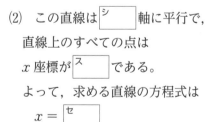

(2) この直線は $\boxed{^{シ}}$ 軸に平行で,

直線上のすべての点は

x 座標が $\boxed{^{ス}}$ である。

よって,求める直線の方程式は

$$x = \boxed{^{セ}}$$

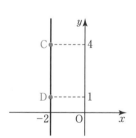

4 方程式 $-x + 2y + 6 = 0$ の表す直線の傾きと切片を求めなさい。

解 この式を変形すると $y = \dfrac{1}{2}x - \boxed{^{ソ}}$ となるから,

傾きは $\dfrac{1}{2}$,切片は $\boxed{^{タ}}$

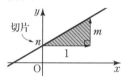

直線の方程式

方程式 $y = mx + n$ は,傾き m,切片 n の直線を表す。

切片 n 　m 　1

1 点を通り,傾きが m の直線

点 (x_1, y_1) を通り,傾きが m の直線の方程式は

$$y - y_1 = m(x - x_1)$$

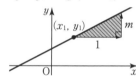

(x_1, y_1) 　m 　1

2 点を通る直線

2 点 (x_1, y_1), (x_2, y_2) を通る直線の方程式は

$x_1 \neq x_2$ のとき

傾き $m = \dfrac{y_2 - y_1}{x_2 - x_1}$

を求めて

$$y - y_1 = m(x - x_1)$$

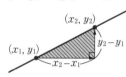

$x_1 = x_2$ のとき

$x = x_1$

直線 $ax + by + c = 0$

直線の方程式は,すべて x, y の 1 次方程式

$ax + by + c = 0$

の形で表すことができる。

（左端縦書き）2 章 ● 図形と方程式

DRILL ◆ドリル◆

1 次の方程式の表す直線を，傾きと切片を求めてかきなさい。

(1) $y = -3x - 2$

傾き

切片

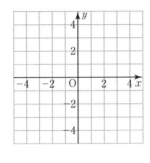

(2) $y = \dfrac{1}{2}x + 2$

傾き

切片

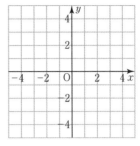

2 次の直線の方程式を求めなさい。

(1) 点 $(1, 2)$ を通り，傾きが -3 の直線

(2) 点 $(-2, 4)$ を通り，傾きが $\dfrac{3}{2}$ の直線

3 次の2点を通る直線の方程式を求めなさい。

(1) $(1, 7)$, $(3, 11)$

(2) $(-1, 1)$, $(2, -8)$

(3) $(1, 2)$, $(3, 6)$

(4) $(-4, 3)$, $(2, 0)$

(5) $(7, -2)$, $(-3, -2)$

(6) $(-3, -2)$, $(-3, 5)$

4 方程式 $-4x - 6y + 15 = 0$ の表す直線の傾きと切片を求めなさい。

検

17 2直線の関係

1 2直線 $y = -x + 3$ ……①, $y = 3x - 5$ ……② の交点の座標を求めなさい。

解 交点の座標 (x, y) は, ①, ②を連立方程式としたときの解として求められる。 ①, ②から y を消去して

$$-x + 3 = 3x - 5$$

これを解いて $x = \boxed{ア}$

これを①に代入して y の値を求めると $y = \boxed{イ}$

よって, 交点の座標は $(2, 1)$

2 次の2直線は平行であるか, 垂直であるか答えなさい。

(1) $y = 2x - 5$, $2x - y + 3 = 0$

(2) $y = 3x + 1$, $x + 3y + 6 = 0$

解 (1) $2x - y + 3 = 0$ の式は $y = \boxed{ウ} x + 3$ と変形できる。

よって, 2直線はともに傾きが2であり, $\boxed{エ}$ である。

(2) $x + 3y + 6 = 0$ の式は $y = -\dfrac{1}{3}x - 2$ と変形できる。

よって, 2直線は傾きの積が $\boxed{オ}$ であり, $\boxed{カ}$ である。

3 次の直線の方程式を求めなさい。

(1) 点 $(2, -1)$ を通り, 直線 $y = 3x - 2$ に平行な直線

(2) 点 $(3, 2)$ を通り, 直線 $y = -\dfrac{1}{2}x + 2$ に垂直な直線

解 (1) 直線 $y = 3x - 2$ の傾きは3である。よって,

求める直線は, 点 $(2, -1)$ を通り, 傾きが $\boxed{キ}$ だから

$$y - (-1) = 3(x - \boxed{ク})$$

整理すると $y = 3x - \boxed{ケ}$

(2) 直線 $y = -\dfrac{1}{2}x + 2$ に垂直な直線の傾き m は

$$-\dfrac{1}{2} \times m = -1 \quad から \quad m = \boxed{コ} \quad よって,$$

求める直線は, 点 $(3, 2)$ を通り, 傾きが2だから

$$y - \boxed{サ} = 2(x - 3)$$

整理すると $y = 2x - \boxed{シ}$

2直線の交点の座標

2直線 $y = mx + n$
$\qquad y = m'x + n'$
が平行でないときは1点で交わる。

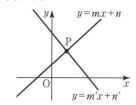

その交点 P の座標は連立方程式

$$\begin{cases} y = mx + n & ……① \\ y = m'x + n' & ……② \end{cases}$$

の解として求めることができる。

平行な2直線

2直線 $y = mx + n$
$\qquad y = m'x + n'$
が平行のとき

$$m = m'$$

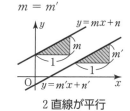

2直線が平行

$\Updownarrow$

傾きが同じ

垂直な2直線

2直線 $y = mx + n$
$\qquad y = m'x + n'$
が垂直のとき

$$m \times m' = -1$$

2直線が垂直

$\Updownarrow$

傾きの積が -1

DRILL ◆ドリル◆

1 次の2直線の交点の座標を求めなさい。

(1) $y = 2x - 5,\ x + 3y + 1 = 0$

(2) $-3x - y - 4 = 0,\ 2x + y - 1 = 0$

2 次の直線について，下の問いに答えなさい。

① $y = -2x + 3$　　② $3x - y = 5$　　③ $x - 2y + 2 = 0$

④ $3x - y + 2 = 0$　　⑤ $2x + y + 5 = 0$　　⑥ $x + 3y - 6 = 0$

(1) それぞれの直線の傾きを求めなさい。

①　　　　　　　　　　②　　　　　　　　　　③

傾き＿＿＿　　　　　傾き＿＿＿　　　　　　傾き＿＿＿

④　　　　　　　　　　⑤　　　　　　　　　　⑥

傾き＿＿＿　　　　　傾き＿＿＿　　　　　　傾き＿＿＿

(2) ①と平行な直線を番号で答えなさい。　(3) ②と平行な直線を番号で答えなさい。

(4) ①と垂直な直線を番号で答えなさい。　(5) ②と垂直な直線を番号で答えなさい。

3 次の直線の方程式を求めなさい。

(1) 点 $(1,\ 3)$ を通り，
直線 $y = 2x - 4$ に平行な直線

(2) 点 $(-3,\ 5)$ を通り，
直線 $x - 3y + 6 = 0$ に垂直な直線

検

まとめの問題 図形と方程式❶

2章●図形と方程式

1 2点 A(-4)，B(6) のとき，次の点の座標を求めなさい。

(1) 線分 AB を 3：2 に内分する点 P の座標 x

(2) 線分 AB を 2：3 に外分する点 Q の座標 x

2 次の 2 点間の距離を求めなさい。

(1) A(-2, 1)，B(3, -2)

(2) C(4, -3)，D(-2, 5)

3 2点 A(-3, 1)，B(7, -4) のとき，次の点の座標を求めなさい。

(1) 線分 AB を 2：3 に内分する点 P の座標 (x, y)

(2) 線分 AB を 3：1 に外分する点 Q の座標 (x, y)

(3) 線分 AB を 3：5 に外分する点 R の座標 (x, y)

(4) 線分 AB の中点 M の座標 (x, y)

4 3点 A(4, 6)，B(-3, 1)，C(5, -4) を頂点とする △ABC の重心 G の座標 (x, y) を求めなさい。

5 次の直線の方程式を求めなさい。

(1) 点 $(4, -1)$ を通り，傾きが 3 の直線

(2) 点 $(-3, 1)$ を通り，傾きが $\dfrac{2}{3}$ の直線

6 次の 2 点を通る直線の方程式を求めなさい。

(1) $(3, -2),\ (1, 4)$

(2) $(5, 3),\ (5, -2)$

7 次の 2 直線の交点の座標を求めなさい。

(1) $y = x + 3,\ x + 2y + 3 = 0$

(2) $2x - y + 1 = 0,\ x + 2y - 7 = 0$

8 次の直線の方程式を求めなさい。

(1) 点 $(1, 3)$ を通り，
直線 $y = -2x + 3$ に平行な直線

(2) 点 $(-2, 1)$ を通り，
直線 $x + 3y + 9 = 0$ に垂直な直線

検

18 円の方程式(1)

1 次の円の方程式を求めなさい。

(1) 中心 $(1, -2)$，半径 3 の円

(2) 原点を中心とする半径 $\sqrt{7}$ の円

解 (1) $\left(x - \boxed{}^{ア}\right)^2 + \left\{y - \left(-\boxed{}^{イ}\right)\right\}^2 = \boxed{}^{ウ\,2}$

よって $\left(x - \boxed{}^{エ}\right)^2 + \left(y + \boxed{}^{オ}\right)^2 = \boxed{}^{カ}$

(2) $x^2 + y^2 = (\sqrt{7})^2$

よって $x^2 + y^2 = \boxed{}^{キ}$

2 方程式 $(x-2)^2 + (y+3)^2 = 16$ が表す円の中心の座標と半径を求めなさい。

解 $\left(x - 2\right)^2 + \left\{y - \left(-3\right)\right\}^2 = \boxed{}^{ク\,2}$ と変形できる。

よって 中心の座標 $(2, -3)$，半径 $\boxed{}^{ケ}$

3 次の円の方程式を求めなさい。

(1) 点 $(-3, 1)$ を中心として，y 軸に接する円

(2) 点 $(3, 4)$ を中心として，原点を通る円

解 (1) 右の図から，この円の半径は

$\boxed{}^{コ}$ である。よって

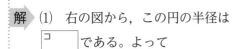

$\left\{x - \left(-\boxed{}^{サ}\right)\right\}^2 + (y-1)^2 = 3^2$

$\left(x + \boxed{}^{シ}\right)^2 + (y-1)^2 = 9$

(2) 中心から原点までの距離が半径だから，

半径を r とすると

$r = \sqrt{3^2 + \boxed{}^{ス\,2}}$ ←平面上の2点間の距離

$= \sqrt{9 + \boxed{}^{セ}}$

$= \sqrt{\boxed{}^{ソ}}$

$= \boxed{}^{タ}$

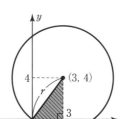

よって，求める円の方程式は

$(x-3)^2 + \left(y - \boxed{}^{チ}\right)^2 = 25$

円の方程式

点 (a, b) を中心とする半径 r の円の方程式は

$(x-a)^2 + (y-b)^2 = r^2$

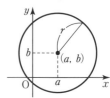

とくに，原点を中心とする半径 r の円の方程式は

$x^2 + y^2 = r^2$

2章 ● 図形と方程式

DRILL ◆ドリル◆

1 次の円の方程式を求めなさい。

(1) 中心 $(-2,\ 3)$, 半径 5 の円

(2) 中心 $(-3,\ -1)$, 半径 $\sqrt{7}$ の円

(3) 中心 $(0,\ 5)$, 半径 $2\sqrt{3}$ の円

(4) 原点を中心とする半径 $\dfrac{1}{2}$ の円

2 次の方程式が表す円の中心の座標と半径を求めなさい。

(1) $(x-3)^2+(y-2)^2=16$

(2) $(x-3)^2+(y+5)^2=4$

(3) $(x+2)^2+y^2=9$

(4) $x^2+y^2=13$

3 次の円の方程式を求めなさい。

(1) 点 $(5,\ 3)$ を中心として, x 軸に接する円

(2) 点 $(-4,\ 2)$ を中心として, y 軸に接する円

(3) 点 $(12,\ 5)$ を中心として, 原点を通る円

(4) 点 $(-1,\ \sqrt{3}\,)$ を中心として, 原点を通る円

検

19 円の方程式(2)

1 2点 A$(-2, -1)$，B$(6, 5)$ を直径の両端とする円の方程式を求めなさい。

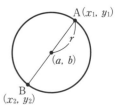

2点 A(x_1, y_1)，B(x_2, y_2) を直径の両端とする円の中心の座標 (a, b) は

$$\left(\frac{x_1 + x_2}{2}, \frac{y_1 + y_2}{2} \right)$$

半径 r は
$$r = \sqrt{(x_1 - a)^2 + (y_1 - b)^2}$$
で表される。

解 円の中心を C(a, b) とすると，
点 C は線分 AB の中点だから

$$a = \frac{\boxed{ア} + 6}{2} = \boxed{イ} \quad \leftarrow\text{中点の } x \text{ 座標}$$

$$b = \frac{-1 + \boxed{ウ}}{2} = \boxed{エ} \quad \leftarrow\text{中点の } y \text{ 座標}$$

となり，C$(\boxed{オ}, 2)$ である。
また，半径は

$$CA = \sqrt{(\boxed{カ} - 2)^2 + (\boxed{キ} - 2)^2} \quad \leftarrow \begin{array}{l}\text{平面上の 2 点間の距離}\\ \text{BC を求めてもよい}\end{array}$$

$$= \sqrt{(-4)^2 + (-\boxed{ク})^2}$$

$$= \sqrt{16 + \boxed{ケ}}$$

$$= \sqrt{\boxed{コ}}$$

$$= \boxed{サ}$$

よって，求める円の方程式は

$$(x - \boxed{シ})^2 + (y - 2)^2 = \boxed{ス}$$

2 方程式 $x^2 + y^2 + 4x - 6y - 12 = 0$ が表す円の中心の座標と半径を求めなさい。

円 $x^2 + y^2 + lx + my + n = 0$

円の方程式は，x, y についての 2 次方程式
$x^2 + y^2 + lx + my + n = 0$
の形で表すことができる。

解 与えられた方程式を変形すると

$$(x^2 + 4x) + (y^2 - 6y) - 12 = 0 \quad \leftarrow \begin{array}{l}x^2 \text{の項と} x \text{の項，および，}\\ y^2 \text{の項と} y \text{の項を，（ ）でくくる}\end{array}$$

$\underbrace{}_{(x \text{の係数の半分})^2 \text{ をたしてひく}}$　　　$\underbrace{}_{(y \text{の係数の半分})^2 \text{ をたしてひく}}$

$$(x^2 + 4x + 4 - 4) + (y^2 - 6y + \boxed{セ} - \boxed{ソ}) - 12 = 0$$

$$\underbrace{(x^2 + 4x + 4)}_{} - 4 + \underbrace{(y^2 - 6y + \boxed{タ})}_{} - \boxed{チ} - 12 = 0$$

$\qquad (x + \bullet)^2 \text{をつくる} \qquad (y + \blacktriangle)^2 \text{をつくる}$

$$(x + \boxed{ツ})^2 + (y - 3)^2 = 4 + \boxed{テ} + 12$$

$$(x + \boxed{ト})^2 + (y - 3)^2 = 25$$

よって，中心の座標 $(\boxed{ナ}, 3)$，半径 $\boxed{ニ}$

1 次の 2 点 A，B を直径の両端とする円の方程式を求めなさい。

(1) A$(0,\ 1)$，B$(2,\ 3)$

(2) A$(3,\ 4)$，B$(5,\ -4)$

2 次の方程式が表す円の中心の座標と半径を求めなさい。

(1) $x^2 + y^2 - 10x + 24 = 0$

(2) $x^2 + y^2 + 14y + 24 = 0$

(3) $x^2 + y^2 - 4x + 6y + 9 = 0$

(4) $x^2 + y^2 - 10x + 8y + 32 = 0$

(5) $x^2 + y^2 + 8x - 4y + 10 = 0$

(6) $x^2 + y^2 - 6x - 12y = 0$

検

20 円と直線の関係・軌跡

1 円 $x^2 + y^2 = 25$ と直線 $y = x - 1$ の共有点の座標を求めなさい。

解 連立方程式 $\begin{cases} x^2 + y^2 = 25 & \cdots\cdots① \\ y = x - 1 & \cdots\cdots② \end{cases}$

において，②を①に代入して整理すると

$x^2 - x - 12 = 0$

$(x - 4)(x + \boxed{ア}) = 0$

$x = 4,\ \boxed{イ}$ これを②に代入して

$x = 4$ のとき $y = \boxed{ウ}$, $x = -3$ のとき $y = \boxed{エ}$

よって，共有点の座標は $(4,\ 3)$, $(-3,\ \boxed{オ})$

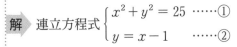

> **円と直線の共有点**
> $\begin{cases} 円 \quad x^2 + y^2 = r^2 \\ 直線 \ y = mx + n \end{cases}$
> の共有点の座標は，連立方程式
> $\begin{cases} x^2 + y^2 = r^2 & \cdots\cdots① \\ y = mx + n & \cdots\cdots② \end{cases}$
> の解として求めることができる。

2 円 $x^2 + y^2 = 9$ $\cdots\cdots①$ と直線 $y = x + 5$ $\cdots\cdots②$ の共有点の個数を調べなさい。

解 ②を①に代入して整理すると

$x^2 + 5x + 8 = 0$ $\cdots\cdots③$

この2次方程式の判別式を D とすると

$D = 5^2 - 4 \times 1 \times \boxed{カ} = \boxed{キ} < 0$

よって，③は実数解をもたない。

したがって，この円と直線の共有点はない。　←円と直線は離れている

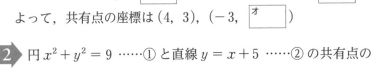

> **2次方程式の判別式**
> 2次方程式
> $ax^2 + bx + c = 0$
> の判別式 D は
> $D = b^2 - 4ac$

> **円と直線の共有点の個数**
> 円の方程式と直線の方程式を連立して得られる2次方程式の判別式 D と共有点の個数との関係は，次のようになる。
> $D > 0 \Leftrightarrow$ 共有点2個
> $D = 0 \Leftrightarrow$ 共有点1個
> $D < 0 \Leftrightarrow$ 共有点はない

3 原点 O と点 A(5, 0) に対して，PO : PA = 3 : 2 となる点 P の軌跡を求めなさい。

解 点 P の座標を $(x,\ y)$ とすると

$PO = \sqrt{x^2 + y^2}$,

$PA = \sqrt{(x - \boxed{ク})^2 + y^2}$

$PO : PA = 3 : 2$ だから $3PA = 2PO$

両辺を2乗すると $9PA^2 = 4PO^2$

よって $9\{(x - \boxed{ケ})^2 + y^2\} = 4(x^2 + y^2)$

整理すると $x^2 + y^2 - 18x + 45 = 0$

変形して $(x - \boxed{コ})^2 + y^2 = 36$

したがって，求める軌跡は

中心の座標 $(\boxed{サ},\ 0)$, 半径6の円

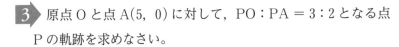

> **軌跡**
> ある条件をみたす点全体がつくる図形を，その条件をみたす点の軌跡という。
> 軌跡は，与えられた条件をみたす点 P($x,\ y$) について $x,\ y$ の関係を式で表し，それがどのような図形であるか調べることで求めることができる。

DRILL ◆ドリル◆

 1 次の円と直線の共有点の座標を求めなさい。

(1) $x^2 + y^2 = 5,\ y = 2x$

(2) $x^2 + y^2 = 10,\ y = 3x - 10$

(3) $x^2 + y^2 = 25,\ x + y - 1 = 0$

(4) $x^2 + y^2 = 5,\ x + 2y - 5 = 0$

2 次の円と直線の共有点の個数を調べなさい。

(1) $x^2 + y^2 = 3,\ y = x - 3$

(2) $x^2 + y^2 - 2x - 1 = 0,\ x - y - 3 = 0$

3 原点 O と点 A(6, 0) に対して，PO : PA = 1 : 2 となる点 P の軌跡を求めなさい。

検

1 次の円の方程式を求めなさい。

(1) 中心 $(4,\ -3)$, 半径 5 の円　　　(2) 中心 $(-2,\ 1)$, 半径 $\sqrt{7}$ の円

2 次の方程式が表す円の中心の座標と半径を求めなさい。

(1) $(x+5)^2+(y+2)^2=25$　　　(2) $x^2+(y-4)^2=9$

3 次の円の方程式を求めなさい。

(1) 点 $(-5,\ -1)$ を中心として, x 軸に接する円　　(2) 点 $(6,\ -8)$ を中心として, 原点を通る円

4 次の2点 A, B を直径の両端とする円の方程式を求めなさい。

(1) A$(-1,\ 1)$, B$(3,\ 5)$　　　(2) A$(-3,\ 2)$, B$(1,\ 4)$

2章●図形と方程式

次の方程式が表す円の中心の座標と半径を求めなさい。

(1) $x^2 + y^2 - 10x - 6y + 25 = 0$ (2) $x^2 + y^2 + 6x - 8y + 9 = 0$

 次の円と直線の共有点の座標を求めなさい。

(1) $x^2 + y^2 = 18$, $x - y = 0$ (2) $x^2 + y^2 = 2$, $x + y - 2 = 0$

 次の円と直線の共有点の個数を求めなさい。

(1) $x^2 + y^2 = 5$, $y = -x + 1$ (2) $x^2 + y^2 = 5$, $x - y = 4$

 原点 O と点 A$(-9, 0)$ に対して，PO：PA $= 2 : 1$ となる点 P の軌跡を求めなさい。

検

21 不等式の表す領域

1 不等式 $(x-2)^2+(y+3)^2>9$ の表す領域を図示しなさい。

解 不等式の表す領域は

点 $(2,\ \boxed{}^{\text{ア}})$ を中心とする

半径 $\boxed{}^{\text{イ}}$ の円の $\boxed{}^{\text{ウ}}$ で,

↑ 内部または外部を記入

右の図の斜線部分である。

ただし，境界線を含まない。

↑ 与えられた不等式に
等号がついていないとき

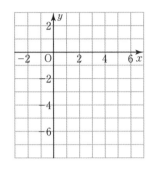

2 不等式 $y \leqq -2x+3$ の表す領域を図示しなさい。

解 求める領域は,

直線 $y=-2x+3$ の $\boxed{}^{\text{エ}}$ で,

↑ 上側または下側を記入

右の図の斜線部分である。

ただし，境界線を含む。

↑ 与えられた不等式に
等号がついているとき

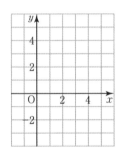

3 次の連立不等式の表す領域を図示しなさい。

$$\begin{cases} x^2+y^2<25 & \cdots\cdots① \\ y>x+1 & \cdots\cdots② \end{cases}$$

解 ①の表す領域は

円 $x^2+y^2=25$ の $\boxed{}^{\text{オ}}$

↑ 内部または外部を記入

②の表す領域は

直線 $y=x+1$ の $\boxed{}^{\text{カ}}$

↑ 上側または下側を記入

よって，この 2 つの共通部分が

連立不等式の表す領域であり，

右の図の斜線部分である。

ただし，境界線を含まない。

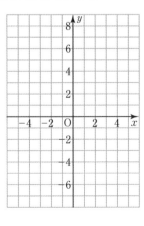

> **円で分けられる領域**

$x^2+y^2<r^2$ の表す領域は
円 $x^2+y^2=r^2$ の内部
$x^2+y^2>r^2$ の表す領域は
円 $x^2+y^2=r^2$ の外部
円 $(x-a)^2+(y-b)^2=r^2$
を C とすると
$(x-a)^2+(y-b)^2<r^2$ の
表す領域は，円 C の内部
$(x-a)^2+(y-b)^2>r^2$ の
表す領域は，円 C の外部

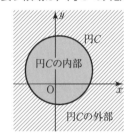

> **直線で分けられる領域**

$y>mx+n$ の表す領域は
　直線 $y=mx+n$ の上側
$y<mx+n$ の表す領域は
　直線 $y=mx+n$ の下側

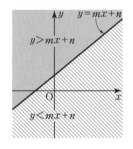

> **連立不等式の表す領域**

それぞれの不等式の表す領域の共通部分を求める。

DRILL ◆ドリル◆

1 次の不等式の表す領域を図示しなさい。

(1)　$x^2 + y^2 \leqq 9$

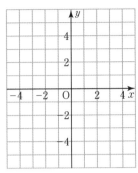

(2)　$(x+3)^2 + (y-2)^2 > 16$

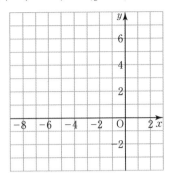

2 次の不等式の表す領域を図示しなさい。

(1)　$y \leqq 2x - 4$

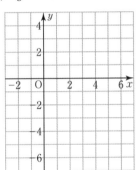

(2)　$3x + y - 6 > 0$

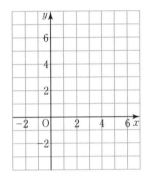

3 次の連立不等式の表す領域を図示しなさい。

(1)　$\begin{cases} y \geqq -x - 3 \\ y \leqq x - 3 \end{cases}$

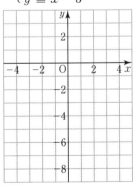

(2)　$\begin{cases} x^2 + y^2 > 16 \\ y < 2x - 3 \end{cases}$

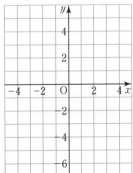

検

次の不等式の表す領域を図示しなさい。

(1) $(x-2)^2+(y+1)^2<4$

(2) $(x+1)^2+(y-2)^2\geqq 9$

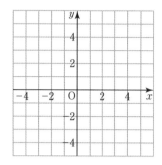 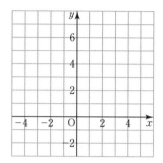

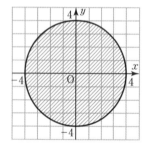 次の斜線の部分の領域を不等式で表しなさい。

(1) 境界線を含まない。

(2) 境界線を含む。

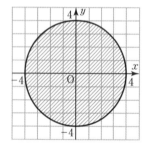 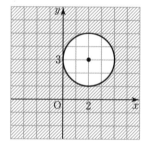

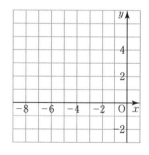 次の不等式の表す領域を図示しなさい。

(1) $y\leqq \dfrac{1}{2}x+4$

(2) $3x-2y-6<0$

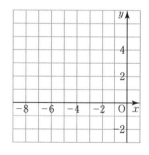 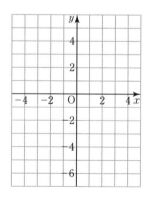

次の斜線の部分の領域を不等式で表しなさい。

(1) 境界線を含まない。

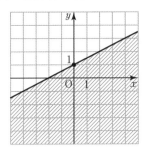

(2) 境界線を含む。

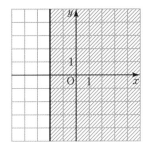

 次の連立不等式の表す領域を図示しなさい。

(1) $\begin{cases} y \geqq 2x - 4 \\ y \leqq -2x \end{cases}$

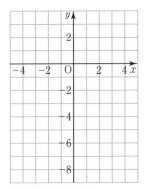

(2) $\begin{cases} y < 2 \\ y > x - 2 \end{cases}$

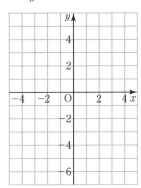

(3) $\begin{cases} x^2 + y^2 \geqq 16 \\ y \leqq x \end{cases}$

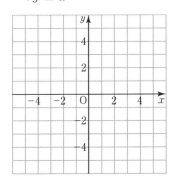

(4) $\begin{cases} (x-1)^2 + (y-1)^2 > 9 \\ y > -x + 2 \end{cases}$

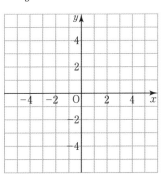

22 一般角・三角関数

1 次の角について，$\theta + 360° \times n$ の形で表しなさい。

ただし，$0° \leqq \theta < 360°$ とする。

(1) $420° = \boxed{ア} + 360° \times \boxed{イ}$

(2) $-690° = \boxed{ウ} + 360° \times (-\boxed{エ})$

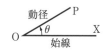

2 次の角 θ について，$\sin\theta$, $\cos\theta$, $\tan\theta$ の値を求めなさい。

(1) $\theta = 315°$ 　　　　 (2) $\theta = -120°$

解 (1) 315° を表す動径上に OP $= \sqrt{2}$ の点 P をとれば

$\qquad$ P$(\boxed{オ}, -1)$ だから

$\qquad \sin 315° = \dfrac{-1}{\sqrt{2}} = -\dfrac{1}{\sqrt{2}} \ \leftarrow \frac{y}{r}$

$\qquad \cos 315° = \dfrac{\boxed{カ}}{\sqrt{2}} \ \leftarrow \frac{x}{r}$

$\qquad \tan 315° = \dfrac{-1}{\boxed{キ}} = -1 \ \leftarrow \frac{y}{x}$

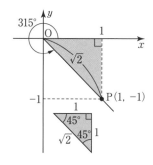

(2) $-120°$ を表す動径上に OP $= \boxed{ク}$ の点 P をとれば

$\qquad$ P$(-1, -\sqrt{3})$ だから

$\qquad \sin(-120°) = \dfrac{-\sqrt{3}}{2} = -\dfrac{\sqrt{3}}{2} \ \leftarrow \frac{y}{r}$

$\qquad \cos(-120°) = \dfrac{-1}{2} = -\boxed{ケ} \ \leftarrow \frac{x}{r}$

$\qquad \tan(-120°) = \dfrac{-\sqrt{3}}{-1} \ \leftarrow \frac{y}{x}$

$\qquad\qquad\qquad = \boxed{コ}$

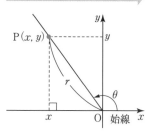
3 次の角は第何象限の角か答えなさい。

(1) $280°$ 　　　　 (2) $-840°$

解 (1) $280°$ は第 $\boxed{サ}$ 象限の角

(2) $-840°$ は第 $\boxed{シ}$ 象限の角

$\qquad \uparrow -840° = 240° + 360° \times (-3)$

第2象限　第1象限

第3象限　第4象限

DRILL ◆ドリル◆

1 次の角について，$\theta + 360° \times n$ の形で表しなさい。

ただし，$0° \leqq \theta < 360°$ とする。

(1) $660°$

(2) $855°$

(3) $1125°$

(4) $-630°$

2 次の角 θ について，$\sin\theta$，$\cos\theta$，$\tan\theta$ の値を求めなさい。

(1) $\theta = 300°$

(2) $\theta = -150°$

3 次の角は第何象限の角か答えなさい。

(1) $230°$

(2) $880°$

(3) $-770°$

検

23 三角関数の相互関係

1 θ が第4象限の角で，$\cos\theta = \dfrac{3}{5}$ のとき，$\sin\theta$ と $\tan\theta$ の値を求めなさい。

解 $\cos\theta = \dfrac{3}{5}$ を $\sin^2\theta + \boxed{}^{\text{ア}} = 1$ に代入すると

$\sin^2\theta + \left(\dfrac{3}{5}\right)^2 = 1$

よって $\sin^2\theta = 1 - \left(\dfrac{3}{5}\right)^2 = \boxed{}^{\text{イ}}$

θ は第4象限の角だから $\sin\theta \boxed{}^{\text{ウ}} 0$

↑ 不等号を記入

したがって $\sin\theta = -\sqrt{\dfrac{16}{25}} = \boxed{}^{\text{エ}}$

また $\tan\theta = \dfrac{\boxed{}^{\text{オ}}}{\cos\theta} = -\dfrac{4}{5} \div \dfrac{3}{5}$ ← $\dfrac{\sin\theta}{\cos\theta} = \sin\theta \div \cos\theta$

$= -\dfrac{4}{5} \times \boxed{}^{\text{カ}} = \boxed{}^{\text{キ}}$

2 θ が第4象限の角で，$\sin\theta = -\dfrac{5}{13}$ のとき，$\cos\theta$，$\tan\theta$ の値を求めなさい。

解 $\sin\theta = -\dfrac{5}{13}$ を $\boxed{}^{\text{ク}} + \cos^2\theta = 1$ に代入すると

$\left(-\dfrac{5}{13}\right)^2 + \cos^2\theta = 1$

よって $\cos^2\theta = 1 - \left(-\dfrac{5}{13}\right)^2 = \boxed{}^{\text{ケ}}$ ← $13^2 = 169$

θ は第4象限の角だから $\cos\theta \boxed{}^{\text{コ}} 0$

↑ 不等号を記入

したがって $\cos\theta = \sqrt{\dfrac{144}{169}} = \boxed{}^{\text{サ}}$ ← $144 = 12^2$

また $\tan\theta = \dfrac{\sin\theta}{\boxed{}^{\text{シ}}} = -\dfrac{5}{13} \div \dfrac{12}{13}$

$= -\dfrac{5}{13} \times \boxed{}^{\text{ス}} = \boxed{}^{\text{セ}}$

単位円

原点 O を中心とする半径1の円を単位円という。

三角関数の相互関係

$\tan\theta = \dfrac{\sin\theta}{\cos\theta}$

$\sin^2\theta + \cos^2\theta = 1$

θ の三角関数と符号

θ がどの象限の角であるかによって，$\sin\theta$，$\cos\theta$，$\tan\theta$ の値の符号が決まる。

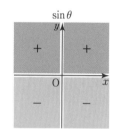

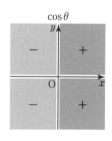

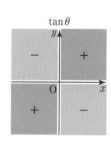

DRILL ◆ドリル◆

1 次の三角関数の値を求めなさい。

(1) θ が第3象限の角で，$\cos\theta = -\dfrac{4}{5}$ のとき，$\sin\theta$ と $\tan\theta$

(2) θ が第2象限の角で，$\cos\theta = -\dfrac{5}{13}$ のとき，$\sin\theta$ と $\tan\theta$

(3) θ が第4象限の角で，$\sin\theta = -\dfrac{1}{3}$ のとき，$\cos\theta$ と $\tan\theta$

(4) θ が第3象限の角で，$\sin\theta = -\dfrac{5}{6}$ のとき，$\cos\theta$ と $\tan\theta$

検

24 三角関数の性質

3章 ● いろいろな関数

1 次の三角関数の値を求めなさい。

(1) $\sin 390°$　　　　　　(2) $\tan 405°$

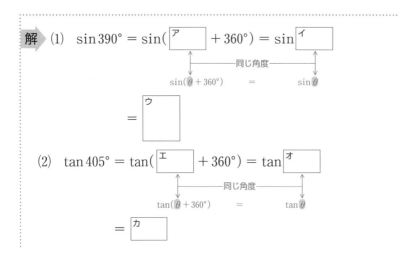

解 (1) $\sin 390° = \sin(\boxed{} + 360°) = \sin \boxed{}$

同じ角度
$\sin(\theta + 360°) \quad = \quad \sin\theta$

$= \boxed{}$

(2) $\tan 405° = \tan(\boxed{} + 360°) = \tan \boxed{}$

同じ角度
$\tan(\theta + 360°) \quad = \quad \tan\theta$

$= \boxed{}$

θ＋360° の三角関数

$\sin(\theta + 360°) = \sin\theta$
$\cos(\theta + 360°) = \cos\theta$
$\tan(\theta + 360°) = \tan\theta$

2 三角関数の表を用いて，次の値を求めなさい。

(1) $\sin(-25°)$　　　　　(2) $\cos(-15°)$

解 (1) $\sin(-25°) = -\sin 25° = -\boxed{}$ ←表の値

(2) $\cos(-15°) = \cos\boxed{} = \boxed{}$ ←表の値

－θ の三角関数

$\sin(-\theta) = -\sin\theta$
$\cos(-\theta) = \cos\theta$
$\tan(-\theta) = -\tan\theta$

3 三角関数の表を用いて，次の値を求めなさい。

(1) $\cos 190°$　　　　　　(2) $\tan 260°$

解 (1) $\cos 190° = \cos(\boxed{} + 180°) = -\cos\boxed{}$

同じ角度
$\cos(\theta + 180°) \quad = \quad -\cos\theta$

$= -\boxed{}$ ←表の値

(2) $\tan 260° = \tan(\boxed{} + 180°) = \tan\boxed{}$

同じ角度
$\tan(\theta + 180°) \quad = \quad \tan\theta$

$= \boxed{}$ ←表の値

θ＋180° の三角関数

$\sin(\theta + 180°) = -\sin\theta$
$\cos(\theta + 180°) = -\cos\theta$
$\tan(\theta + 180°) = \tan\theta$

DRILL ◆ドリル◆

 次の三角関数の値を求めなさい。

(1) $\sin 420°$ (2) $\cos 420°$ (3) $\tan 390°$

(4) $\sin 765°$ (5) $\cos 750°$ (6) $\tan 780°$

2 三角関数の表を用いて，次の値を求めなさい。

(1) $\sin(-38°)$ (2) $\cos(-63°)$ (3) $\tan(-22°)$

(4) $\sin(-89°)$ (5) $\cos(-76°)$ (6) $\tan(-81°)$

3 三角関数の表を用いて，次の値を求めなさい。

(1) $\sin 203°$ (2) $\cos 244°$ (3) $\tan 258°$

(4) $\sin 182°$ (5) $\cos 235°$ (6) $\tan 200°$

検

25 三角関数のグラフ

1 次の表を完成させなさい。

θ	第1象限の角					第2象限の角			
θ	0°	30°	45°	60°	90°	120°	135°	150°	180°
$\sin\theta$	0	$\dfrac{1}{2}$	$\dfrac{1}{\sqrt{2}}$	$\dfrac{\sqrt{3}}{2}$	1 最大値	ア	$\dfrac{1}{\sqrt{2}}$	イ	0
$\cos\theta$	1 最大値	$\dfrac{\sqrt{3}}{2}$	$\dfrac{1}{\sqrt{2}}$	$\dfrac{1}{2}$	0	ウ	$-\dfrac{1}{\sqrt{2}}$	エ	−1 最小値

θ	第3象限の角				第4象限の角			
θ	210°	225°	240°	270°	300°	315°	330°	360°
$\sin\theta$	オ	カ	$-\dfrac{\sqrt{3}}{2}$	−1 最小値	$-\dfrac{\sqrt{3}}{2}$	キ	ク	0
$\cos\theta$	ケ	コ	$-\dfrac{1}{2}$	0	$\dfrac{1}{2}$	サ	シ	1 最大値

2 上の表を利用して，$y = \sin\theta$，$y = \cos\theta$ のグラフをかきなさい。また，周期および y の値の範囲を答えなさい。

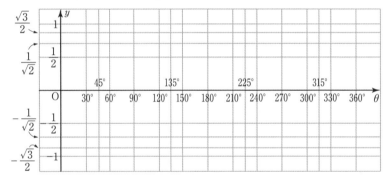

周期は ［ス］ °，y の値の範囲は ［セ］ $\leqq y \leqq$ ［ソ］

3 $0° \leqq \theta \leqq 360°$ の範囲で，$y = \cos 2\theta$ のグラフをかきなさい。また，周期および y の値の範囲を答えなさい。

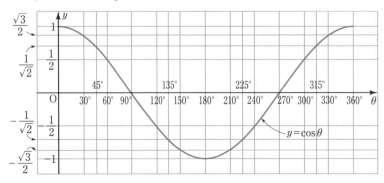

周期は ［タ］ °，y の値の範囲は ［チ］ $\leqq y \leqq$ ［ツ］

サインカーブ

$y = \sin\theta$ の表す曲線をサインカーブという。

$y = \sin\theta$，$y = \cos\theta$

$y = \sin\theta$，$y = \cos\theta$ は，どちらも 360° を周期とする周期関数で，y の値の範囲は $-1 \leqq y \leqq 1$ である。

$y = \tan\theta$

$y = \tan\theta$ は 180° を周期とする周期関数である。

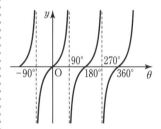

$y = a\sin\theta$，$y = a\cos\theta$

$y = a\sin\theta$（$a > 0$）は，360° を周期とする周期関数で，y の値の範囲は $-a \leqq y \leqq a$ である。グラフは，$y = \sin\theta$ のグラフを y 軸方向に a 倍したものである。$y = a\cos\theta$ も同様である。

$y = \sin k\theta$，$y = \cos k\theta$

$y = \sin k\theta$（$k > 0$）は，$360° \times \dfrac{1}{k}$ を周期とする周期関数で，y の値の範囲は $-1 \leqq y \leqq 1$ である。グラフは，$y = \sin\theta$ のグラフを θ 軸方向に $\dfrac{1}{k}$ 倍したものである。$y = \cos k\theta$ も同様である。

DRILL ◆ドリル◆

1 $0° \leqq \theta \leqq 360°$ の範囲で，$y = 2\cos\theta$ のグラフをかきなさい。また，周期および y の値の範囲を答えなさい。

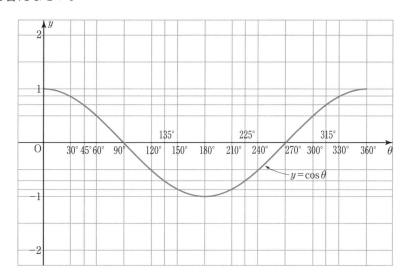

2 $0° \leqq \theta \leqq 360°$ の範囲で，$y = \dfrac{1}{2}\cos\theta$ のグラフをかきなさい。また，周期および y の値の範囲を答えなさい。

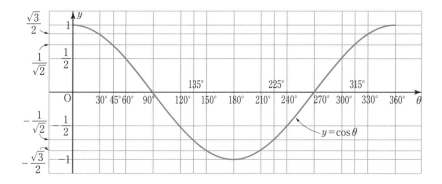

3 $0° \leqq \theta \leqq 360°$ の範囲で，$y = \sin 2\theta$ のグラフをかきなさい。また，周期および y の値の範囲を答えなさい。

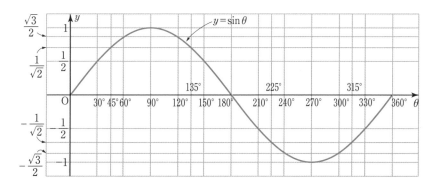

検

26 加法定理・2倍角の公式

1 $\sin 165°$ の値を求めなさい。

解 $\sin 165° = \sin(45° + 120°)$ ← 求めやすい角度の組合せを探す
$\sin(30° + 135°)$ としてもよい

$= \sin 45° \cos \boxed{}^{ア} + \cos \boxed{}^{イ} \sin 120°$ ←加法定理I $\boxed{1}$

$= \dfrac{\sqrt{2}}{2} \times \left(-\boxed{}^{ウ}\right) + \dfrac{\sqrt{2}}{2} \times \dfrac{\sqrt{3}}{2}$ ← $\dfrac{1}{\sqrt{2}} = \dfrac{\sqrt{2}}{2}$

$= \dfrac{-\sqrt{2} + \sqrt{6}}{4} = \dfrac{\sqrt{6} - \sqrt{2}}{4}$

加法定理 I

$\boxed{1}$ $\sin(\alpha + \beta)$
$= \sin\alpha\cos\beta + \cos\alpha\sin\beta$

$\boxed{2}$ $\cos(\alpha + \beta)$
$= \cos\alpha\cos\beta - \sin\alpha\sin\beta$

2 $\cos 15°$ の値を求めなさい。

解 $\cos 15° = \cos(45° - \boxed{}^{エ})$ ← $\cos(60° - 45°)$ としてもよい

$= \cos 45° \cos \boxed{}^{オ} + \sin \boxed{}^{カ} \sin 30°$ ←加法定理II $\boxed{4}$

$= \dfrac{\sqrt{2}}{2} \times \boxed{}^{キ} + \boxed{}^{ク} \times \dfrac{1}{2}$

$= \dfrac{\sqrt{\boxed{}^{ケ}} + \sqrt{\boxed{}^{コ}}}{4}$

加法定理 II

$\boxed{3}$ $\sin(\alpha - \beta)$
$= \sin\alpha\cos\beta - \cos\alpha\sin\beta$

$\boxed{4}$ $\cos(\alpha - \beta)$
$= \cos\alpha\cos\beta + \sin\alpha\sin\beta$

3 α が第2象限の角で，$\sin\alpha = \dfrac{\sqrt{5}}{3}$ のとき，$\sin 2\alpha$ と $\cos 2\alpha$ の値を求めなさい。

解 $\cos^2\alpha = 1 - \boxed{}^{サ} = 1 - \left(\dfrac{\sqrt{5}}{3}\right)^2 = \boxed{}^{シ}$ ← $\sin^2\alpha + \cos^2\alpha = 1$

α は第2象限の角だから $\cos\alpha \boxed{}^{ス} 0$ ←不等号を記入

よって $\cos\alpha = -\sqrt{\dfrac{4}{9}} = -\boxed{}^{セ}$

したがって $\sin 2\alpha = 2\sin\alpha\cos\alpha$

$= 2 \times \dfrac{\sqrt{5}}{3} \times \left(-\boxed{}^{ソ}\right) = -\dfrac{4\sqrt{5}}{9}$

$\cos 2\alpha = 1 - 2\boxed{}^{タ}$ ← $\cos 2\alpha = 2\cos^2\alpha - 1,$
$\cos 2\alpha = \cos^2\alpha - \sin^2\alpha$ としてもよい

$= 1 - 2 \times \left(\dfrac{\sqrt{5}}{3}\right)^2 = 1 - \boxed{}^{チ} = -\boxed{}^{ツ}$

2倍角の公式

$\boxed{1}$ $\sin 2\alpha = 2\sin\alpha\cos\alpha$

$\boxed{2}$ $\cos 2\alpha = \cos^2\alpha - \sin^2\alpha$
$= 1 - 2\sin^2\alpha$
$= 2\cos^2\alpha - 1$

3章 ● いろいろな関数

DRILL ◆ドリル◆

1 次の値を求めなさい。

(1) $\cos 165°$

(2) $\sin 195°$

(3) $\cos 195°$

(4) $\sin 15°$

2 α が第 1 象限の角で，$\sin\alpha = \dfrac{1}{3}$ のとき，$\sin 2\alpha$ と $\cos 2\alpha$ の値を求めなさい。

3 α が第 2 象限の角で，$\cos\alpha = -\dfrac{3}{5}$ のとき，$\sin 2\alpha$ と $\cos 2\alpha$ の値を求めなさい。

27 三角関数の合成・弧度法

1 $-\sin\theta + \cos\theta$ を $r\sin(\theta + \alpha)$ の形に変形しなさい。

解 $a = \boxed{}^{ア}$, $b = 1$ だから,

点 $P(-1,\ 1)$ をとると

$r = \sqrt{(\boxed{}^{イ})^2 + 1^2} = \sqrt{2}$

$\alpha = \boxed{}^{ウ}$　よって

└─ 角度を記入

$-\sin\theta + \cos\theta = \sqrt{2}\sin(\theta + 135°)$

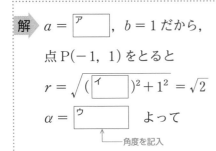

三角関数の合成

$a\sin\theta + b\cos\theta$
$= \sqrt{a^2 + b^2}\sin(\theta + \alpha)$

ただし

$\cos\alpha = \dfrac{a}{\sqrt{a^2 + b^2}}$

$\sin\alpha = \dfrac{b}{\sqrt{a^2 + b^2}}$

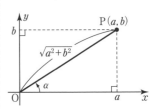

2 度数法で表された次の角を弧度法で表しなさい。

(1) $15°$ 　　　　　 (2) $78°$

解 (1) $15° = 15 \times 1° = 15 \times \dfrac{\pi}{180} = \boxed{}^{エ}$ ← 単位名「ラジアン」は省略することが多い

└─ $1° = \dfrac{\pi}{180}$

(2) $78° = 78 \times 1° = 78 \times \boxed{}^{オ} = \boxed{}^{カ}\pi$

「度」と「ラジアン」の関係

$180° = \pi$ ラジアン

$1° = \dfrac{\pi}{180}$ ラジアン

1 ラジアン $= \dfrac{180°}{\pi} \fallingdotseq 57.3°$

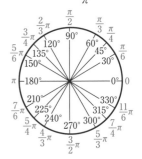

3 弧度法で表された次の角を度数法で表しなさい。

(1) $\dfrac{\pi}{18}$ 　　　　　 (2) $\dfrac{5}{6}\pi$

解 (1) $\dfrac{\pi}{18} = \dfrac{1}{18} \times \pi = \dfrac{1}{18} \times 180° = \boxed{}^{キ}$

└─ π ラジアン $= 180°$

(2) $\dfrac{5}{6}\pi = \dfrac{5}{6} \times \pi = \dfrac{5}{6} \times \boxed{}^{ク} = \boxed{}^{ケ}$

4 半径 6, 中心角 $\dfrac{2}{3}\pi$ の扇形の, 弧の長さ l と面積 S を求めなさい。

解 弧の長さ l は 　$l = r\theta = \boxed{}^{コ} \times \dfrac{2}{3}\pi = \boxed{}^{サ}\pi$

面積 S は 　$S = \dfrac{1}{2}rl = \dfrac{1}{2} \times 6 \times \boxed{}^{シ}\pi = \boxed{}^{ス}\pi$

公式 $S = \dfrac{1}{2}r^2\theta$ を使うと
$S = \dfrac{1}{2} \times 6^2 \times \dfrac{2}{3}\pi$

扇形の弧の長さと面積

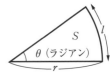

弧の長さ 　$l = r\theta$

面積 　$S = \dfrac{1}{2}r^2\theta = \dfrac{1}{2}rl$

DRILL ◆ドリル◆

1 次の式を $r\sin(\theta+\alpha)$ の形に変形しなさい。

(1) $\sin\theta-\sqrt{3}\cos\theta$

(2) $-\sin\theta-\cos\theta$

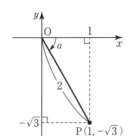

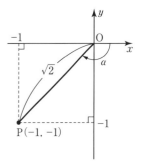

2 度数法で表された次の角を弧度法で表しなさい。

(1) $18°$

(2) $12°$

(3) $80°$

(4) $200°$

3 弧度法で表された次の角を度数法で表しなさい。

(1) $\dfrac{5}{9}\pi$

(2) $\dfrac{3}{4}\pi$

(3) $\dfrac{6}{5}\pi$

(4) $\dfrac{11}{20}\pi$

4 次の扇形の弧の長さ l と面積 S を求めなさい。

(1) 半径 6, 中心角 $\dfrac{5}{6}\pi$

(2) 半径 8, 中心角 $\dfrac{3}{4}\pi$

(3) 半径 12, 中心角 $\dfrac{\pi}{3}$

(4) 半径 10, 中心角 $\dfrac{\pi}{4}$

検

まとめの問題 いろいろな関数 **1**

1 次の角 θ について，$\sin\theta$，$\cos\theta$，$\tan\theta$ の値を求めなさい。

(1) $\theta = 330°$

(2) $\theta = -495°$

2 θ が第 3 象限の角で，$\sin\theta = -\dfrac{\sqrt{5}}{3}$ のとき，$\cos\theta$，$\tan\theta$ の値を求めなさい。

3 θ が第 4 象限の角で，$\cos\theta = \dfrac{1}{3}$ のとき，$\sin\theta$，$\tan\theta$ の値を求めなさい。

三角関数の表を用いて，次の値を求めなさい。

(1) $\sin(-35°)$　　　　　(2) $\cos(-55°)$　　　　　(3) $\tan(-44°)$

(4) $\sin 263°$　　　　　(5) $\cos 231°$　　　　　(6) $\tan 187°$

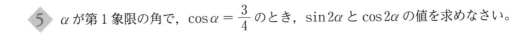

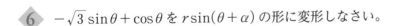

 半径 8，中心角 $\dfrac{5}{4}\pi$ の扇形の，弧の長さ l と面積 S を求めなさい。

検

28 指数の拡張(1)・累乗根

1 次の計算をしなさい。

(1) $a^5 \times a^2 = a^{5+\boxed{ア}} = a^7$

指数法則①

(2) $(a^5)^2 = a^{5 \times 2} = a^{\boxed{イ}}$

指数法則②

(3) $(ab)^2 = a^2 b^{\boxed{ウ}}$

指数法則③

2 次の□にあてはまる数を入れなさい。

(1) $6^0 = \boxed{エ}$ ← $a^0 = 1$

(2) $4^{-3} = \dfrac{1}{4^{\boxed{オ}}} = \dfrac{1}{\boxed{カ}}$ ← $a^{-n} = \dfrac{1}{a^n}$

3 次の計算をしなさい。

(1) $10^{-2} \times 10^4 = 10^{-2+4} = 10^{\boxed{キ}} = \boxed{ク}$

指数法則①

(2) $(10^{-1})^2 = 10^{-1 \times 2} = 10^{-2} = \dfrac{1}{10^{\boxed{ケ}}} = \boxed{コ}$

指数法則②

$a^{-n} = \dfrac{1}{a^n}$

(3) $10^4 \div 10^2 = 10^{4-2} = 10^2 = \boxed{サ}$

指数法則④

4 次の値を求めなさい。

(1) $\sqrt[3]{8} = \sqrt[3]{2^3} = \boxed{シ}$

(2) $\sqrt[5]{243} = \sqrt[5]{3^5} = \boxed{ス}$

5 次の計算をしなさい。

(1) $\sqrt[4]{2} \times \sqrt[4]{8} = \sqrt[4]{2 \times 8} = \sqrt[4]{\boxed{セ}} = \sqrt[4]{2^4} = \boxed{ソ}$

累乗根の性質①

(2) $\dfrac{\sqrt[3]{81}}{\sqrt[3]{3}} = \sqrt[3]{\dfrac{81}{3}} = \sqrt[3]{\boxed{タ}} = \sqrt[3]{3^3} = \boxed{チ}$

累乗根の性質②

6 次の計算をしなさい。

(1) $(\sqrt[5]{3})^2 = \sqrt[5]{3^2} = \sqrt[5]{\boxed{ツ}}$ ← $(\sqrt[\bullet]{\blacksquare})^\blacktriangle = \sqrt[\bullet]{\blacksquare^\blacktriangle}$

(2) $(\sqrt[4]{16})^2 = \sqrt[4]{16^2} = \sqrt[4]{256} = \sqrt[4]{4^4} = \boxed{テ}$ ← $\sqrt[\bullet]{\blacksquare^\bullet} = \blacksquare$

指数法則

m, n が正の整数のとき

① $a^m \times a^n = a^{m+n}$

② $(a^m)^n = a^{m \times n}$

③ $(ab)^n = a^n b^n$

指数が 0 や負の整数の場合

$a \neq 0$ で, n が正の整数のとき

$$a^0 = 1, \quad a^{-n} = \dfrac{1}{a^n}$$

指数法則の拡張(1)

m, n が整数のとき

① $a^m \times a^n = a^{m+n}$

② $(a^m)^n = a^{m \times n}$

③ $(ab)^n = a^n b^n$

④ $a^m \div a^n = a^{m-n}$

累乗根

$a > 0$ のとき, n 乗して a になる数を a の n 乗根といい, a の 2 乗根, 3 乗根, … をまとめて, a の累乗根という。a の n 乗根で正のものを $\sqrt[n]{a}$ で表す。$\sqrt[2]{a}$ は $\sqrt{a}$ とかく。

累乗根の性質

$a > 0$, $b > 0$ で, n が 2 以上の整数のとき

① $\sqrt[n]{a} \times \sqrt[n]{b} = \sqrt[n]{a \times b}$

② $\dfrac{\sqrt[n]{a}}{\sqrt[n]{b}} = \sqrt[n]{\dfrac{a}{b}}$

$a > 0$, m, n が正の整数のとき

$$(\sqrt[n]{a})^m = \sqrt[n]{a^m}$$

DRILL ◆ドリル◆

 1 次の計算をしなさい。

(1) $a^5 \times a^3$

(2) $(a^2)^3$

(3) $(ab)^4$

(4) $a^3 \times (a^3)^2$

(5) $(a^3b)^4$

(6) $(3a^2)^4$

2 次の値を求めなさい。

(1) 5^0

(2) 5^{-1}

(3) 5^{-3}

3 次の計算をしなさい。

(1) $3^{-2} \times 3^3$

(2) $(3^{-2})^2$

(3) $3^2 \div 3^{-3}$

(4) $3^4 \times 3^{-2} \div 3^2$

4 次の値を求めなさい。

(1) $\sqrt[4]{10000}$

(2) $\sqrt[6]{64}$

5 次の計算をしなさい。

(1) $\sqrt[4]{3} \times \sqrt[4]{27}$

(2) $\dfrac{\sqrt[3]{24}}{\sqrt[3]{3}}$

6 次の計算をしなさい。

(1) $(\sqrt[4]{7})^3$

(2) $(\sqrt[6]{4})^3$

29 指数の拡張(2)

1 次の ☐ にあてはまる数を入れなさい。

(1) $5^{\frac{1}{2}} = \sqrt{\boxed{\text{ア}}}$ $\quad\leftarrow \sqrt[2]{a} = \sqrt{a}$

(2) $7^{\frac{1}{3}} = \sqrt[\boxed{\text{イ}}]{7}$ $\quad\leftarrow a^{\frac{1}{n}} = \sqrt[n]{a}$

(3) $10^{\frac{3}{5}} = \sqrt[\boxed{\text{ウ}}]{10^{\boxed{\text{エ}}}} = \sqrt[\boxed{\text{オ}}]{\boxed{\text{カ}}}$ $\quad\leftarrow a^{\frac{m}{n}} = \sqrt[n]{a^m}$

(4) $3^{-\frac{5}{2}} = \dfrac{1}{3^{\frac{5}{2}}} = \dfrac{1}{\sqrt{3^{\boxed{\text{キ}}}}} = \dfrac{1}{\sqrt{\boxed{\text{ク}}}}$ $\quad\leftarrow a^{-n} = \dfrac{1}{a^n}$

指数が分数の場合

$a > 0$ で，m が整数，n が正の整数のとき
$$a^{\frac{m}{n}} = \sqrt[n]{a^m}$$
とくに $a^{\frac{1}{n}} = \sqrt[n]{a}$

---

2 次の ☐ にあてはまる数を入れなさい。

(1) $\sqrt[5]{8} = \sqrt[5]{2^3} = 2^{\boxed{\text{ケ}}}$

(2) $\sqrt[4]{9} = \sqrt[4]{3^{\boxed{\text{コ}}}} = 3^{\frac{2}{4}} = 3^{\boxed{\text{サ}}}$

指数法則の拡張(2)

$a > 0$，$b > 0$ で，p，q が整数や分数のとき
1. $a^p \times a^q = a^{p+q}$
2. $(a^p)^q = a^{p \times q}$
3. $(ab)^p = a^p b^p$
4. $a^p \div a^q = a^{p-q}$

---

3 次の計算をしなさい。

(1) $4^{\frac{1}{3}} \times 4^{\frac{2}{3}} = 4^{\frac{1}{3}\boxed{\text{シ}}\frac{2}{3}} = 4^{\boxed{\text{ス}}} = \boxed{\text{セ}}$

指数法則 1 $\quad$ +，−，×，÷ のいずれかを記入

(2) $27^{\frac{2}{3}} = (3^3)^{\frac{2}{3}} = 3^{3\boxed{\text{ソ}}\frac{2}{3}} = 3^{\boxed{\text{タ}}} = \boxed{\text{チ}}$

指数法則 2 $\quad$ +，−，×，÷ のいずれかを記入

(3) $2^{\frac{1}{4}} \div 2^{-\frac{7}{4}} = 2^{\frac{1}{4}\boxed{\text{ツ}}\left(-\frac{7}{4}\right)} = 2^{\boxed{\text{テ}}} = \boxed{\text{ト}}$

指数法則 4 $\quad$ +，−，×，÷ のいずれかを記入

(4) $3^{\frac{1}{2}} \times 9^{\frac{1}{3}} \div 3^{\frac{7}{6}} = 3^{\frac{1}{2}} \times (3^{\boxed{\text{ナ}}})^{\frac{1}{3}} \div 3^{\frac{7}{6}} = 3^{\frac{1}{2}\boxed{\text{ニ}}\frac{2}{3}\boxed{\text{ヌ}}\frac{7}{6}}$

$3^■$ の形にする $\quad$ 指数法則 1，4 $\quad$ +，−，×，÷ のいずれかを記入

$= 3^{\frac{3}{6}+\frac{4}{6}-\frac{7}{6}} = 3^{\boxed{\text{ネ}}} = \boxed{\text{ノ}}$

---

4 次の計算をしなさい。

(1) $\sqrt{3} \times \sqrt[4]{9} = 3^{\frac{1}{2}} \times 9^{\frac{1}{4}} = 3^{\frac{1}{2}} \times (3^{\boxed{\text{ハ}}})^{\frac{1}{4}}$

$3^■$ の形にする

$= 3^{\frac{1}{2}} \times 3^{\boxed{\text{ヒ}}} = 3^{\frac{1}{2}+\frac{1}{2}} = 3^1 = \boxed{\text{フ}}$

(2) $\sqrt[5]{8^4} \div \sqrt[5]{4} = 8^{\frac{4}{5}} \div 4^{\frac{1}{5}} = (2^3)^{\frac{4}{5}} \div (2^{\boxed{\text{ヘ}}})^{\frac{1}{5}}$

$2^■$ の形にする

$= 2^{\frac{12}{5}} \div 2^{\boxed{\text{ホ}}} = 2^{\frac{12}{5}-\frac{2}{5}} = 2^2 = \boxed{\text{マ}}$

DRILL ◆ドリル◆

1 次の数を，$\sqrt[n]{a}$ または $\dfrac{1}{\sqrt[n]{a}}$ の形で表しなさい。

(1) $5^{\frac{1}{5}}$

(2) $2^{\frac{4}{7}}$

(3) $5^{-\frac{3}{5}}$

2 次の数を，$a^{\frac{m}{n}}$ の形で表しなさい。

(1) $\sqrt{11}$

(2) $\sqrt[4]{27}$

(3) $\sqrt[6]{49}$

3 次の計算をしなさい。

(1) $2^{\frac{7}{4}} \times 2^{\frac{1}{4}}$

(2) $(4^{\frac{2}{3}})^{\frac{3}{4}}$

(3) $3^{\frac{10}{3}} \div 3^{\frac{1}{3}}$

(4) $8^{\frac{1}{6}} \times 8^{-\frac{1}{2}}$

(5) $9^{-\frac{1}{2}}$

(6) $36^{\frac{1}{10}} \div 36^{-\frac{2}{5}}$

(7) $2^{\frac{5}{3}} \times 2^{-\frac{1}{6}} \div 4^{\frac{1}{4}}$

(8) $3^{\frac{1}{6}} \div 9^{-\frac{2}{3}} \div 27^{\frac{1}{2}}$

4 次の計算をしなさい。

(1) $\sqrt[4]{7^5} \times \sqrt[4]{7^3}$

(2) $\sqrt[6]{81} \times \sqrt[3]{3}$

(3) $\sqrt[4]{125^2} \div \sqrt[6]{125}$

(4) $\sqrt[3]{4^2} \div \sqrt[9]{8}$

(5) $\sqrt{5^3} \div \sqrt[6]{5^5} \times \sqrt[3]{5^4}$

(6) $\sqrt[3]{3} \times \sqrt[3]{9^2} \div \sqrt[6]{3^7}$

検

30 指数関数のグラフ

1 $y = 2^x$ と $y = \left(\dfrac{1}{2}\right)^x$ のグラフをかきなさい。

解 x のいろいろな値に対する y の値は，次の表のようになる。

x	$\cdots$	-4	-3	-2	-1	0	1	2	3	4	$\cdots$
$y = 2^x$	$\cdots$	$\dfrac{1}{16}$	$\dfrac{1}{8}$	ア	イ	ウ	2	4	8	エ	$\cdots$
$y = \left(\dfrac{1}{2}\right)^x$	$\cdots$	16	8	オ	2	1	$\dfrac{1}{2}$	$\dfrac{1}{4}$	カ	$\dfrac{1}{16}$	$\cdots$

上の表をもとにして，

$$y = 2^x, \quad y = \left(\dfrac{1}{2}\right)^x$$

のグラフをかくと，右の図のようになる。

$y = 2^x$ と $y = \left(\dfrac{1}{2}\right)^x$ のグラフは

ともに点 $\left(0, \boxed{キ}\right)$ を通り，

x 軸より上側にある。

また，$\boxed{ク}$ 軸について

対称になっていることがわかる。

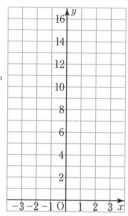

2 2^2, 2^{-1}, $2^{-\frac{2}{3}}$ の大小を調べなさい。

解 底の 2 は，1 より大きく

指数の大小を比べると

$$-1 < -\dfrac{2}{3} < 2$$

よって

$$\boxed{ケ} < \boxed{コ} < \boxed{サ}$$

3 方程式 $3^x = 243$ を解きなさい。

解 $243 = \boxed{シ}^5$ だから $3^x = \boxed{ス}^5$ ←底を3にそろえる

よって $x = \boxed{セ}$ ←$3^\bullet = 3^\blacksquare$ のとき $\bullet = \blacksquare$

3章 ● いろいろな関数

指数関数

a を 1 でない正の定数とするとき，$y = a^x$ で表される関数を，a を底とする x の指数関数という。

$y = a^x$ のグラフの特徴

2 点 $(0, 1)$, $(1, a)$ を通り，x 軸より上側にある。
漸近線は x 軸である。
$a > 1$ のとき，右上がりの曲線である。
$0 < a < 1$ のとき，右下がりの曲線である。

指数の大小と数の大小

$a > 1$ のとき
$$m < n \Longleftrightarrow a^m < a^n$$

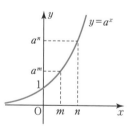

$0 < a < 1$ のとき
$$m < n \Longleftrightarrow a^m > a^n$$

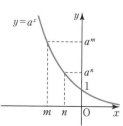

DRILL ◆ドリル◆

1 $y = 3^x$ と $y = \left(\dfrac{1}{3}\right)^x$ のグラフをかきなさい。

x	$\cdots$	-3	-2	-1	0	1	2	3	$\cdots$
$y = 3^x$	$\cdots$								$\cdots$
$y = \left(\dfrac{1}{3}\right)^x$	$\cdots$								$\cdots$

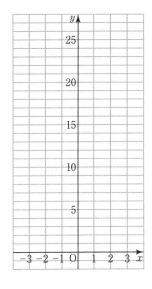

2 次の3つの数の大小を調べなさい。

(1) 3^{-1}, 3, $3^{\frac{1}{2}}$

(2) $\left(\dfrac{1}{2}\right)^{-1}$, $\dfrac{1}{2}$, $\left(\dfrac{1}{2}\right)^{-2}$

(3) 2^{-2}, $\sqrt[4]{8}$, $\sqrt[3]{4}$

(4) $\left(\dfrac{1}{3}\right)^{\frac{3}{2}}$, 1, $\left(\dfrac{1}{3}\right)^{\frac{5}{3}}$

3 次の方程式を解きなさい。

(1) $2^x = 16$

(2) $25^x = 125$

検

まとめの問題　いろいろな関数 ❷

1　次の値を求めなさい。

(1) $\sqrt[7]{128}$

(2) $\sqrt[5]{243}$

(3) $\dfrac{1}{\sqrt[3]{125}}$

2　次の数を，$\sqrt[n]{a}$ または $\dfrac{1}{\sqrt[n]{a}}$ の形で表しなさい。

(1) $7^{\frac{1}{4}}$

(2) $3^{\frac{3}{5}}$

(3) $11^{-\frac{2}{3}}$

3　次の数を，$a^{\frac{m}{n}}$ の形で表しなさい。

(1) $\sqrt{15}$

(2) $\sqrt[7]{125}$

(3) $\sqrt[9]{64}$

4　次の計算をしなさい。

(1) $2^3 \times 2^2$

(2) $2^3 \times 2^{-2}$

(3) $2^3 \div 2^2$

(4) $2^3 \div 2^{-2}$

(5) $2^{-\frac{2}{3}} \times 2^{-\frac{4}{3}}$

(6) $2^{-\frac{3}{4}} \div 2^{-\frac{1}{4}}$

(7) $(2^3)^2$

(8) $(2^{-3})^2$

(9) $(2^{-3})^{-2}$

(10) $(2^{-\frac{6}{5}})^{\frac{5}{3}}$

(11) $8^{-\frac{4}{3}}$

(12) $25^{\frac{1}{3}} \div 25^{-\frac{5}{3}} \times 25^{-\frac{5}{2}}$

次の計算をしなさい。

(1) $\sqrt[3]{5} \times \sqrt[6]{5} \times \sqrt{5}$ 　　　(2) $\sqrt[3]{2} \div \sqrt{2} \times \sqrt[6]{16}$ 　　　(3) $\sqrt{27} \times \sqrt[3]{81} \div \sqrt[6]{243}$

 次の関数のグラフをかきなさい。

(1) $y = 4^x$ 　　　　　　　　　　　(2) $y = \left(\dfrac{1}{4}\right)^x$

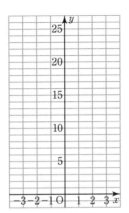 　　　　　　　　　　　　　　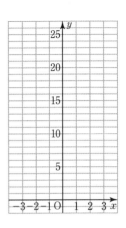

7 次の3つの数の大小を調べなさい。

(1) $\left(\dfrac{1}{2}\right)^7$, $\left(\dfrac{1}{2}\right)^{-4}$, 2^{-3} 　　　　　(2) $\sqrt{3}$, $\sqrt[3]{9}$, $\sqrt[5]{81}$

8 次の方程式を解きなさい。

(1) $9^x = 243$ 　　　　　　　　　　(2) $4^x = \sqrt{8}$

検

31 対数の値・対数の性質

1 次の ☐ にあてはまる数を入れなさい。

(1) $243 = 3^{5}$ だから $\log_3 \boxed{\text{ア}} = 5$

(2) $\dfrac{1}{81} = 3^{-4}$ だから $\log_3 \dfrac{1}{81} = \boxed{\text{イ}}$

(3) $1 = 3^{0}$ だから $\log_3 1 = \boxed{\text{ウ}}$

> **対数**
>
> a が1でない正の数，M が正の数のとき
> $$M = a^p \Leftrightarrow \log_a M = p$$
> $\log_a M$ を，a を底とする M の対数という。
> M をこの対数の真数という。

2 次の値を求めなさい。

(1) $\log_2 32$　　(2) $\log_4 \dfrac{1}{64}$

解 (1) $32 = 2^5$ だから $\log_2 32 = \boxed{\text{エ}}$ ←32 は 2 の何乗になるかを表す値

(2) $\dfrac{1}{64} = 4^{-3}$ だから $\log_4 \dfrac{1}{64} = \boxed{\text{オ}}$ ←$\frac{1}{64}$ は 4 の何乗になるかを表す値

3 次の計算をしなさい。

(1) $\log_4 2 + \log_4 8$　　(2) $\log_8 16 - \log_8 2$

> **対数の性質**
>
> $M > 0$，$N > 0$ で，k が実数のとき
> 1. $\log_a (M \times N)$
> $= \log_a M + \log_a N$
> 2. $\log_a \left(\dfrac{M}{N} \right)$
> $= \log_a M - \log_a N$
> 3. $\log_a M^k = k \log_a M$

解 (1) $\log_4 2 + \log_4 8 = \log_4 (2 \boxed{\text{カ}} 8)$ ←対数の性質1

　　　　　　　$+$, $-$, $\times$, $\div$ のいずれかを記入

$= \log_4 \boxed{\text{キ}} = \log_4 4^2$

$= \boxed{\text{ク}}$

(2) $\log_8 16 - \log_8 2 = \log_8 (16 \boxed{\text{ケ}} 2)$ ←対数の性質2

　　　　　　　$+$, $-$, $\times$, $\div$ のいずれかを記入

$= \log_8 \boxed{\text{コ}} = \boxed{\text{サ}}$

4 次の計算をしなさい。

(1) $\log_{10} \sqrt{2} + \log_{10} \sqrt{5}$　　(2) $3 \log_4 2 + \log_4 12 - \log_4 6$

解 (1) $\log_{10} \sqrt{2} + \log_{10} \sqrt{5} = \log_{10} (\sqrt{2} \boxed{\text{シ}} \sqrt{5})$ ←$+$, $-$, $\times$, $\div$ のいずれかを記入

$= \log_{10} \sqrt{10} = \log_{10} 10^{\frac{1}{2}} = \boxed{\text{ス}}$

(2) $3 \log_4 2 + \log_4 12 - \log_4 6 = \log_4 2^{\boxed{\text{セ}}} + \log_4 12 - \log_4 6$

↑対数の性質3

$= \log_4 \dfrac{\boxed{\text{ソ}} \times 12}{6} = \log_4 16$

$= \log_4 4^2 = \boxed{\text{タ}}$

3章 ● いろいろな関数

DRILL ◆ドリル◆

 1 次の式を $\log_a M = p$ の形で表しなさい。

(1) $32 = 2^5$

(2) $\dfrac{1}{9} = 3^{-2}$

(3) $1 = 5^0$

(4) $\sqrt{7} = 7^{\frac{1}{2}}$

2 次の式を $M = a^p$ の形で表しなさい。

(1) $\log_3 81 = 4$

(2) $\log_6 1 = 0$

(3) $\log_5 5 = 1$

(4) $\log_{\frac{1}{3}} 81 = -4$

3 次の値を求めなさい。

(1) $\log_3 27$

(2) $\log_5 \dfrac{1}{125}$

4 次の計算をしなさい。

(1) $\log_8 4 + \log_8 16$

(2) $\log_{10} \dfrac{4}{3} + \log_{10} \dfrac{15}{2}$

(3) $\log_3 45 - \log_3 5$

(4) $\log_3 \sqrt{6} - \log_3 \sqrt{2}$

(5) $\log_5 15 + \log_5 10 - \log_5 6$

(6) $\log_2 20 - 2\log_2 5 + \log_2 10$

検

32 対数関数のグラフ

1 $y = \log_2 x$ と $y = \log_{\frac{1}{2}} x$ のグラフをかきなさい。

解 x のいろいろな値に対する y の値を求め，表にすると次のようになる。

x	$\cdots$	$\frac{1}{8}$	$\frac{1}{4}$	$\frac{1}{2}$	1	2	4	8	$\cdots$
$y = \log_2 x$	$\cdots$	-3	ア	-1	イ	ウ	エ	3	$\cdots$
$y = \log_{\frac{1}{2}} x$	$\cdots$	3	2	オ	0	-1	-2	カ	$\cdots$

上の表をもとにして，

$\quad y = \log_2 x, \quad y = \log_{\frac{1}{2}} x$

のグラフをかくと，

右の図のようになる。

$y = \log_2 x$ と $y = \log_{\frac{1}{2}} x$ のグラフはともに点 $\left(1, \boxed{\text{キ}}\right)$ を通り，y 軸より右側にある。

また，$\boxed{\text{ク}}$ 軸について対称になっていることがわかる。

2 次の対数の値の大小を調べなさい。

(1) $\log_2 10, \log_2 8$ 　　　(2) $\log_{\frac{1}{2}} 8, \log_{\frac{1}{2}} 10$

解 (1) 底の 2 は，1 より大きく　$8 < 10$　←真数の大小を比べる

$\quad$ よって　$\log_2 8 \boxed{\text{ケ}} \log_2 10$　←不等号を記入

(2) 底の $\frac{1}{2}$ は，1 より小さく　$8 < 10$　←真数の大小を比べる

$\quad$ よって　$\log_{\frac{1}{2}} 8 \boxed{\text{コ}} \log_{\frac{1}{2}} 10$　←不等号を記入

3 次の方程式を解きなさい。

(1) $\log_2 x = 3$ 　　　(2) $\log_3 (2x + 1) = 2$

解 (1) $\log_2 x = 3$ だから　$x = 2^{\boxed{\text{サ}}}$　よって　$x = \boxed{\text{シ}}$

(2) $\log_3 (2x + 1) = 2$ だから　$2x + 1 = 3^2$

$\quad$ よって　$2x + 1 = 9$

$\qquad\qquad\quad 2x = 8$

$\qquad\qquad\quad\ x = \boxed{\text{ス}}$

対数関数

a を 1 でない正の定数とするとき，$y = \log_a x$ で表される関数を，a を底とする x の対数関数という。

$y = \log_a x$ のグラフの特徴

2 点 $(1, 0)$，$(a, 1)$ を通り，y 軸より右側にある。
漸近線は y 軸である。
$a > 1$ のとき，右上がりの曲線である。
$0 < a < 1$ のとき，右下がりの曲線である。

対数の値の大小

$a > 1$ のとき
$0 < M < N \Leftrightarrow$
$\qquad\qquad \log_a M < \log_a N$

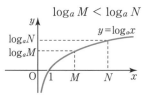

$0 < a < 1$ のとき
$0 < M < N \Leftrightarrow$
$\qquad\qquad \log_a M > \log_a N$

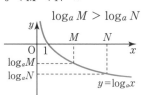

DRILL ◆ドリル◆

1 $y = \log_3 x$ と $y = \log_{\frac{1}{3}} x$ のグラフをかきなさい。

x	$\cdots$	$\dfrac{1}{27}$	$\dfrac{1}{9}$	$\dfrac{1}{3}$	1	3	9	27	$\cdots$
$y = \log_3 x$	$\cdots$								$\cdots$
$y = \log_{\frac{1}{3}} x$	$\cdots$								$\cdots$

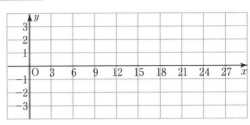

2 次の対数の値の大小を調べなさい。

(1) $\log_3 2,\ \log_3 5$

(2) $\log_2 7,\ 2\log_2 3,\ 3$

(3) $\log_{\frac{1}{5}} 3,\ \log_{\frac{1}{5}} 6$

(4) $\log_{\frac{1}{4}} \dfrac{3}{4},\ \log_{\frac{1}{4}} \dfrac{4}{5},\ -\log_{\frac{1}{4}} 5$

3 次の方程式を解きなさい。

(1) $\log_3 x = 2$

(2) $\log_3 x = \dfrac{1}{2}$

(3) $\log_2 (x+1) = 5$

(4) $\log_2 (3x+2) = 3$

検

33 常用対数・底の変換公式

1 対数表を用いて，次の値を求めなさい。

(1) $\log_{10} 2.12$

= [ア   ]

(2) $\log_{10} 8.41$

= [イ   ]

常用対数

10 を底とする対数 $\log_{10} M$ を常用対数という。

2 対数表を用いて，次の値を求めなさい。

(1) $\log_{10} 431$

(2) $\log_{10} 0.806$

解 (1) $\log_{10} 431 = \log_{10} \left(\boxed{}^{ウ} \times 100 \right)$

対数表の範囲内に

$= \log_{10} 4.31 + \log_{10} 100$ ←対数表を用いる

$= \boxed{}^{エ} + 2 = \boxed{}^{オ}$

(2) $\log_{10} 0.806 = \log_{10} \dfrac{8.06}{10}$ ←対数表の範囲内に

$= \log_{10} 8.06 - \log_{10} \boxed{}^{カ}$ ←対数表を用いる

$= \boxed{}^{キ} - 1 = -\boxed{}^{ク}$

対数表の見方

M の値が $1.00 \sim 9.99$ までの数についての常用対数の値が本冊 p. 126，127 の対数表に示されている。

数	0	1	2	3 ←	…
1.0					
⋮					
2.3		→.3636			

小数第 2 位の数字を表す

$\log_{10} 2.31 = 0.3636$

3 整数 3^{30} のけた数を求めなさい。

ただし，$\log_{10} 3 = 0.4771$ とする。

解 $\log_{10} 3^{30} = \boxed{}^{ケ} \log_{10} 3$ ←3^{30} の常用対数を考える

$= 30 \times \boxed{}^{コ}$

$= 14.313$

よって $3^{30} = 10^{14.313}$

$10^{14} < 10^{14.313} < 10^{15}$ から $10^{14} < 3^{30} < 10^{15}$ ←$10^{14} = \underbrace{100000000000000}_{15\,けた}$

したがって，3^{30} は $\boxed{}^{サ}$ けたの整数 である。 $10^{15} = \underbrace{1000000000000000}_{16\,けた}$

対数の性質

$M > 0$，$N > 0$ で，k が実数のとき

$\boxed{1}$ $\log_a (M \times N)$
$= \log_a M + \log_a N$

$\boxed{2}$ $\log_a \left(\dfrac{M}{N} \right)$
$= \log_a M - \log_a N$

$\boxed{3}$ $\log_a M^k = k \log_a M$

4 底の変換公式を用いて，$\log_2 12 - \log_4 9$ を簡単にしなさい。

解 $\log_2 12 - \log_4 9 = \log_2 12 - \dfrac{\log_2 9}{\log_2 4}$ ←底を 2 にそろえる

$= \log_2 12 - \dfrac{2 \log_2 3}{2}$ ←$\log_2 4 = \log_2 2^2 = 2$

$= \log_2 12 - \log_2 \boxed{}^{シ}$

$= \log_2 \dfrac{12}{3} = \log_2 \boxed{}^{ス} = \boxed{}^{セ}$

底の変換公式

$a \neq 1$，$c \neq 1$ で，a，b，c が正の数のとき

$\log_a b = \dfrac{\log_c b}{\log_c a}$

3 章 ● いろいろな関数

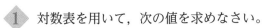

1 対数表を用いて，次の値を求めなさい。

(1) $\log_{10} 5.73$

(2) $\log_{10} 3.25$

2 対数表を用いて，次の値を求めなさい。

(1) $\log_{10} 122$

(2) $\log_{10} 5210$

(3) $\log_{10} 0.143$

(4) $\log_{10} 0.756$

3 整数 2^{60} のけた数を求めなさい。ただし，$\log_{10} 2 = 0.3010$ とする。

4 底の変換公式を用いて，次の式を簡単にしなさい。

(1) $\log_9 243$

(2) $\log_8 \dfrac{1}{4}$

(3) $\log_2 10 + \log_4 25$

(4) $\log_3 6 - 2\log_9 18$

いろいろな関数 ③

1 次の式を $\log_a M = p$ の形で表しなさい。

(1) $1024 = 2^{10}$

(2) $2 = 32^{\frac{1}{5}}$

(3) $\dfrac{1}{2} = 4^{-\frac{1}{2}}$

2 次の式を $M = a^p$ の形で表しなさい。

(1) $\log_4 2 = \dfrac{1}{2}$

(2) $\log_2 \dfrac{1}{8} = -3$

(3) $\log_{10} \dfrac{1}{10000} = -4$

3 次の値を求めなさい。

(1) $\log_9 81$

(2) $\log_4 256$

(3) $\log_{10} \dfrac{1}{100}$

(4) $\log_8 1$

(5) $\log_5 \sqrt{5}$

(6) $\log_{\sqrt{10}} 10$

4 次の計算をしなさい。

(1) $\log_6 2 + \log_6 3$

(2) $\log_{10} 4 + \log_{10} 25$

(3) $\log_4 32 - \log_4 2$

(4) $\log_3 2 - \log_3 18$

 **5** 次の計算をしなさい。

(1) $\log_2 \dfrac{14}{3} + \log_2 \dfrac{6}{5} + \log_2 \dfrac{10}{7}$

(2) $\log_6 \sqrt{5} - \log_6 \sqrt{60} + \log_6 \sqrt{2}$

 **6** 次の対数の値の大小を調べなさい。

(1) $\log_2 0.5, \ \log_2 7, \ 2\log_2 3$

(2) $\log_{\frac{1}{3}} 5, \ 1, \ \log_{\frac{1}{3}} 3$

7 整数 2^{50} のけた数を求めなさい。ただし，$\log_{10} 2 = 0.3010$ とする。

8 底の変換公式を用いて，次の式を簡単にしなさい。

(1) $\log_{27} 81$

(2) $\log_{\frac{1}{2}} 16$

(3) $\log_2 24 - \log_4 9$

(4) $\log_4 8 + \log_8 4$

34 平均変化率・微分係数

1 関数 $f(x) = 3x^2 + 2$ において，次の関数の値を求めなさい。

(1) $f(2)$ (2) $f(-1)$

解 (1) $f(2) = 3 \times \boxed{}^2 + 2 = \boxed{}$

(2) $f(-1) = 3 \times (\boxed{})^2 + 2 = \boxed{}$

記号 $f(x)$

y が x の関数であることを $y = f(x)$ のように表す。
関数 $y = f(x)$ で，x に a を代入した値を $x = a$ のときの関数の値といい，$f(a)$ で表す。

2 関数 $f(x) = x^2$ において，x の値が -1 から 2 まで変化するときの $f(x)$ の平均変化率を求めなさい。

解 $\underbrace{\dfrac{\overbrace{f(2) - f(-1)}^{y \text{の変化量}}}{2 - (-1)}}_{x \text{の変化量}} = \dfrac{2^2 - (-1)^2}{2 + \boxed{}} = \boxed{}$

平均変化率

関数 $f(x)$ において，x の値が a から b まで変化するとき

x の変化量は $b - a$

y の変化量は $f(b) - f(a)$

である。このとき

$$\frac{f(b) - f(a)}{b - a}$$

を，x の値が a から b まで変化するときの，関数 $f(x)$ の平均変化率という。

3 次の極限値を求めなさい。

(1) $\displaystyle\lim_{h \to 0}(4 + h)$ (2) $\displaystyle\lim_{h \to 0}4(3 - h - 2h^2)$

解 (1) $\displaystyle\lim_{h \to 0}(4 + h) = \boxed{}$ ←h を限りなく 0 に近づけるので h は 0 と考える

(2) $\displaystyle\lim_{h \to 0}4(3 - h - 2h^2) = \boxed{}$

極限値

たとえば，h を限りなく 0 に近づけるときの $2(6 + h)$ の値は限りなく 12 に近づく。この値 12 を，h を限りなく 0 に近づけるときの $2(6 + h)$ の極限値といい，

$$\lim_{h \to 0}2(6 + h) = 12$$

と表す。
記号 $\lim$ は「リミット」と読む。

4 関数 $f(x) = 2x^2$ の $x = 2$ における微分係数 $f'(2)$ を求めなさい。

解 $f(2 + h) - f(2)$ ←$f(2+h)$ は $f(x)$ の x に $2 + h$ を代入する

$= 2 \times (\boxed{})^2 - 2 \times 2^2$

$= 2(4 + 4h + h^2) - 8$ ←展開して整理する

$= 8h + 2h^2 = h(\boxed{})$ ←h を取り出す

よって

$f'(2) = \displaystyle\lim_{h \to 0}\dfrac{f(2 + h) - f(2)}{\boxed{}} = \lim_{h \to 0}\dfrac{\cancel{h}(8 + 2h)}{\cancel{h}}$ ←約分する

$= \displaystyle\lim_{h \to 0}(\boxed{}) = \boxed{}$

微分係数

関数 $f(x)$ の $x = a$ における微分係数は $f'(a)$ と表す。

$$f'(a) = \lim_{h \to 0}\frac{f(a + h) - f(a)}{h}$$

である。

DRILL ◆ドリル◆

1 関数 $f(x) = -4x^2 + 5$ において，次の関数の値を求めなさい。

(1) $f(0)$

(2) $f(-2)$

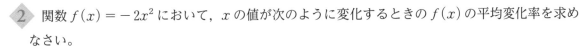

2 関数 $f(x) = -2x^2$ において，x の値が次のように変化するときの $f(x)$ の平均変化率を求めなさい。

(1) 0 から 3

(2) -4 から 2

3 次の極限値を求めなさい。

(1) $\lim_{h \to 0}(-5 + 3h)$

(2) $\lim_{h \to 0} 5(3 - 2h)$

(3) $\lim_{h \to 0}\{-2(3 + h)\}$

(4) $\lim_{h \to 0}(7 - 2h + h^2)$

4 関数 $f(x) = 3x^2$ において，次の微分係数を求めなさい。

(1) $f'(3)$

(2) $f'(-1)$

検

35 導関数

1 関数 $f(x) = x^2 + 2x$ の導関数を求めなさい。

> ### 導関数
>
> 微分係数 $f'(a)$ の文字 a を x でおきかえた $f'(x)$ を，$f(x)$ の導関数という。
>
> $$f'(x) = \lim_{h \to 0} \frac{f(x+h) - f(x)}{h}$$

解 $f(x+h) - f(x)$　←$f(x+h)$ は $f(x)$ の x に $x+h$ を代入する

$= \{(\boxed{^{ア}})^2 + 2(x+h)\} - (\boxed{^{イ}})$　←展開する

$= (x^2 + 2xh + h^2 + 2x + 2h) - (x^2 + 2x)$　←整理する

$= 2xh + h^2 + 2h$

$= h(\boxed{^{ウ}})$　←h を取り出す

よって

$\begin{aligned} f'(x) &= \lim_{h \to 0} \frac{f(x+h) - f(x)}{h} \\ &= \lim_{h \to 0} \frac{\cancel{h}(2x + h + 2)}{\cancel{h}} \quad ←約分する \\ &= \lim_{h \to 0}(\boxed{^{エ}}) \\ &= \boxed{^{オ}} \end{aligned}$

> ### x^n の導関数
>
> n が正の整数のとき
> $$(x^n)' = nx^{n-1}$$
> c を定数とするとき
> $$(c)' = 0$$

2 次の関数を微分しなさい。

(1) $y = 4x^3$ 　　　　(2) $y = 3x^2 + x - 2$

(3) $y = x(2x^2 - 3)$ 　(4) $y = (x-2)(3x+5)$

> ### 導関数の公式
>
> $\boxed{1}$ k を定数とするとき，
> $$\{kf(x)\}' = k \times f'(x)$$
> $\boxed{2}$ $\{f(x) + g(x)\}'$
> $$= f'(x) + g'(x)$$
> $\boxed{3}$ $\{f(x) - g(x)\}'$
> $$= f'(x) - g'(x)$$

解 (1) $y' = (4x^3)' = 4 \times (x^3)' = 4 \times \boxed{^{カ}} x^2 = 12x^2$

導関数の公式$\boxed{1}$

(2) $y' = (3x^2 + x - 2)' = (3x^2)' + (x)' - (2)'$

導関数の公式$\boxed{2}$, $\boxed{3}$

$= 3 \times (x^2)' + (x)' - (2)' = 3 \times 2x + 1 - 0$

$= \boxed{^{キ}}x + \boxed{^{ク}}$

(3) $y = x(2x^2 - 3) = 2x^3 - 3x$　←展開してから微分する

よって　$y' = (2x^3 - 3x)' = 2 \times (x^3)' - 3 \times (x)'$

$= 2 \times \boxed{^{ケ}}x^2 - 3 \times \boxed{^{コ}}$

$= \boxed{^{サ}}x^2 - \boxed{^{シ}}$

(4) $y = (x-2)(3x+5)$

$= 3x^2 + 5x - 6x - 10 = 3x^2 - x - 10$

よって　$y' = (3x^2 - x - 10)' = 3 \times (x^2)' - (x)' - (10)'$

$= 3 \times \boxed{^{ス}}x - \boxed{^{セ}} - 0 = \boxed{^{ソ}}x - \boxed{^{タ}}$

> ### 微分
>
> 関数 $y = f(x)$ について，その導関数 y' を求めることを，y を微分するという。

DRILL ◆ドリル◆

 次の関数の導関数を求めなさい。

(1) $f(x) = 4x + 3$

(2) $f(x) = x^2 - 2$

 次の関数を微分しなさい。

(1) $y = -3x^2$

(2) $y = -12$

(3) $y = 5x^3 + 5$

(4) $y = -x^2 + 2x - 6$

(5) $y = 2x^3 + 3x^2 - 7$

(6) $y = \dfrac{5}{3}x^3 - \dfrac{3}{2}x^2 - \dfrac{1}{6}$

(7) $y = x^2(3x - 2)$

(8) $y = (x + 4)(x - 4)$

(9) $y = (2x - 3)^2$

(10) $y = (2x - 5)(x^2 - 3)$

検

36 接線

1 関数 $f(x) = 2x^2 - x$ について，次の問いに答えなさい。

(1) 関数 $f(x)$ を微分しなさい。

(2) 微分係数 $f'(2)$ を求めなさい。

> ### 導関数と微分係数
> 微分係数 $f'(a)$ は，導関数 $f'(x)$ の x に a を代入すると求めることができる。
> 導関数　$f'(x)$
> 　　　　$\downarrow x = a$ を代入
> 微分係数 $f'(a)$

解 (1) $f'(x) = 2 \times (x^2)' - (x)'$

$= 2 \times \boxed{}\,x - \boxed{}$

$= \boxed{}\,x - \boxed{}$

(2) $f'(2) = 4 \times \boxed{} - \boxed{}$

$= \boxed{}$

2 放物線 $y = x^2 - 3$ 上の $x = 1$ の点における接線の傾きを求めなさい。

> ### 微分係数と接線の傾き
> 曲線 $y = f(x)$ 上の $x = a$ の点における接線の傾きは微分係数 $f'(a)$ である。

解 $f(x) = x^2 - 3$ とおくと

$f'(x) = \boxed{}$

よって，求める接線の傾きは

$f'(1) = \boxed{} \times 1$

$= \boxed{}$

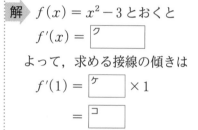

$y = x^2 - 3$ 接線 傾き $f'(1)$ $(1, -2)$

3 放物線 $y = -x^2 + 4x$ 上の点 $(1, 3)$ における接線の方程式を求めなさい。

> ### 接線の方程式
> 曲線 $y = f(x)$ 上の点 (a, b) における接線の方程式は
> $$y - b = f'(a)(x - a)$$

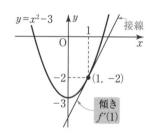

解 $f(x) = -x^2 + 4x$ とおくと

$f'(x) = \boxed{}$

よって，接線の傾きは

$f'(1) = \boxed{} \times 1 + 4$

$= \boxed{}$

接線は点 $(1, 3)$ を通るから，

求める接線の方程式は

$y - \boxed{} = 2(x - \boxed{})$

整理すると

$y = 2x + \boxed{}$

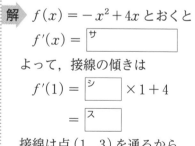

接線 傾き $f'(1)$ $(1, 3)$ $y = -x^2 + 4x$

4章 ● 微分と積分

DRILL ◆ドリル◆

1 次の関数 $f(x)$ を微分しなさい。また，それを利用して，（　）内に示した x の値における微分係数を求めなさい。

(1) $f(x) = -4x^2$ $(x = 3)$

(2) $f(x) = x^2 - 4x$ $(x = -1)$

2 放物線 $y = -x^2 + 2x$ 上の次の点における接線の傾きを求めなさい。

(1) $x = 1$ の点

(2) $x = -1$ の点

3 放物線 $y = -2x^2 - 4x$ 上の次の点における接線の傾きを求めなさい。

(1) $x = -3$ の点

(2) $x = \dfrac{1}{2}$ の点

4 次の放物線上の各点における接線の方程式を求めなさい。

(1) $y = -x^2$ $(3, \ -9)$

(2) $y = x^2 + 2x$ $(0, \ 0)$

(3) $y = -x^2 + 4x + 3$ $(2, \ 7)$

(4) $y = \dfrac{1}{2}x^2 - 4x$ $(-2, \ 10)$

まとめの問題 微分と積分 ❶

1 関数 $f(x) = 2x^2 - 3$ において，x の値が次のように変化するときの $f(x)$ の平均変化率を求めなさい。

(1) 1 から 3

(2) -2 から 1

2 次の極限値を求めなさい。

(1) $\displaystyle \lim_{h \to 0}(-2 - 3h)$

(2) $\displaystyle \lim_{h \to 0} 5(-4 + h)$

(3) $\displaystyle \lim_{h \to 0} 2(1 - h + 3h^2)$

3 次の関数を微分しなさい。

(1) $y = -3x^3 + 8$

(2) $y = \dfrac{2}{3}x^3 - 5x^2 + 3x - 2$

(3) $y = x^2(2x - 5)$

(4) $y = (3x + 1)(3x - 1)$

(5) $y = (x + 1)^3$

(6) $y = x(x - 2)^2$

次の放物線上の各点における接線の方程式を求めなさい。

(1) $y = -4x^2$ $(-1, -4)$

(2) $y = x^2 - 3$ $(3, 6)$

(3) $y = x^2 + x$ $(1, 2)$

(4) $y = \dfrac{3}{2}x^2$ $(2, 6)$

(5) $y = 2x^2 + 8x + 7$ $(-1, 1)$

(6) $y = -2x^2 + 4x - 1$ $(-1, -7)$

(7) $y = -\dfrac{1}{2}x^2 - \dfrac{5}{2}$ $(1, -3)$

(8) $y = \dfrac{1}{3}x^2 + \dfrac{1}{3}x - \dfrac{2}{3}$ $(4, 6)$

検

37 関数の増加・減少

1 関数 $y = x^2 - 4x$ の増減を調べなさい。

解 $y' = 2x - 4 = 2(x-2)$

$y' = 0$ とすると

$x = \boxed{}^{\text{ア}}$ ←$2(x-2)=0$ を解く

よって,

$x < 2$ のとき $y' < 0$

$x > 2$ のとき $y' > 0$

したがって,

$x < 2$ のとき,y は $\boxed{}^{\text{イ}}$ し,

$x > 2$ のとき,y は $\boxed{}^{\text{ウ}}$ する。

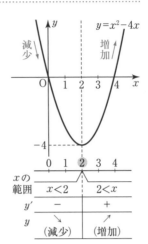

x の範囲	$x < 2$	$2 < x$
y'	$-$	$+$
y	（減少）	（増加）

関数 $f(x)$ の増加・減少

$f'(x) > 0$ となる x の範囲で $f(x)$ は増加

$f'(x) < 0$ となる x の範囲で $f(x)$ は減少

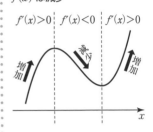

2 関数 $y = -x^3 + 3x$ の増減を調べなさい。

解 $y' = \boxed{}^{\text{エ}} x^2 + 3$

$ = -3(x^2 - \boxed{}^{\text{オ}})$

$ = -3(x+1)(x-1)$

$y' = 0$ とすると

$x = -1,\ \boxed{}^{\text{カ}}$

そこで,$x = -1,\ 1$ を境として,

x を 3 つの範囲に分けて y' の符号を調べ,

y の増減を表にまとめると,次のようになる。

x	$\cdots$	$\boxed{}^{\text{キ}}$	$\cdots$	1	$\cdots$
y'	$-$	0 ^{ク}		0	$-$
y	$\searrow$	-2	$\nearrow$	$\boxed{}^{\text{ケ}}$	$\searrow$

←増減表という

$\uparrow$ $x = -1$ を代入した y の値　　$\uparrow$ $x = 1$ を代入した y の値

よって,$x < -1,\ 1 < x$ のとき,y は $\boxed{}^{\text{コ}}$ し,

$-1 < x < 1$ のとき,y は $\boxed{}^{\text{サ}}$ する。

増減表

y の増減をまとめた表を増減表という。

表の中の $\nearrow$ は増加を,$\searrow$ は減少を表す。

4章 ● 微分と積分

DRILL  ◆ドリル◆

 次の関数の増減を調べなさい。

(1) $y = -x^2 + 6x$

(2) $y = x^2 - 2x - 2$

(3) $y = x^3 - 3x^2 - 1$

(4) $y = -x^3 + 12x$

検

38 関数の極大・極小・関数の最大・最小

1 関数 $y = x^3 - 3x^2 + 4$ の極値を求め，グラフをかきなさい。

解 $y' = 3x^2 - \boxed{}^{ア} x = 3x(x - \boxed{}^{イ})$

$y' = 0$ とすると $x = \boxed{}^{ウ}$, 2

$x = 0$ のとき $y = \boxed{}^{エ}$

$x = 2$ のとき $y = 2^3 - 3 \times 2^2 + 4 = \boxed{}^{オ}$

よって，増減表は
右のようになる。

x	$\cdots$	$\boxed{}^{カ}$	$\cdots$	2	$\cdots$
y'	$\boxed{}^{キ}$	0	$-$	0	$+$
y	$\nearrow$	$\boxed{}^{ク}$	$\searrow$	0	$\boxed{}^{ケ}$

したがって

$x = 0$ で極大となり，

極大値は $\boxed{}^{コ}$

$x = 2$ で極小となり，

極小値は $\boxed{}^{サ}$

また，グラフは右のようになる。

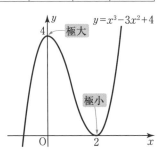

2 次の関数の最大値，最小値を求めなさい。

$$y = x^3 - 3x + 1 \quad (-2 \leqq x \leqq 3)$$

解 $y' = 3x^2 - \boxed{}^{シ} = 3(x+1)(x-1)$

$y' = 0$ とすると $x = -1$, 1

x の値の範囲は $-2 \leqq x \leqq 3$ だから

$x = -2$ のとき $y = (-2)^3 - 3 \times (-2) + 1 = \boxed{}^{ス}$

$x = -1$ のとき $y = (-1)^3 - 3 \times (-1) + 1 = \boxed{}^{セ}$

$x = 1$ のとき $y = 1^3 - 3 \times 1 + 1 = \boxed{}^{ソ}$

$x = 3$ のとき $y = 3^3 - 3 \times 3 + 1 = 19$

よって，$-2 \leqq x \leqq 3$ における増減表は次のようになる。

x	-2	$\cdots$	$\boxed{}^{タ}$	$\cdots$	1	$\cdots$	3
y'		$\boxed{}^{チ}$	0	$-$	0	$+$	
y	-1	$\nearrow$	3	$\boxed{}^{ツ}$	-1	$\nearrow$	19
	最小値				最小値		最大値

したがって $x = \boxed{}^{テ}$ のとき，最大値は 19

$x = -2$, 1 のとき，最小値は $\boxed{}^{ト}$

関数の極大・極小

$x = a$ を境にして関数 $f(x)$ が増加から減少に変わるとき，$f(x)$ は $x = a$ で極大になるといい，$f(a)$ を極大値という。

$x = b$ を境にして関数 $f(x)$ が減少から増加に変わるとき，$f(x)$ は $x = b$ で極小になるといい，$f(b)$ を極小値という。

極大値と極小値をまとめて極値という。

$f'(x)$ の符号と極大・極小

$f'(x)$ の符号が $x = a$ の前後で正から負に変わるとき，$f(x)$ は $x = a$ で極大となる。

$f'(x)$ の符号が $x = b$ の前後で負から正に変わるとき，$f(x)$ は $x = b$ で極小となる。

関数の最大値・最小値

定義域が $a \leqq x \leqq b$ と制限されているとき，関数 $f(x)$ の最大値，最小値を求めるには，定義域の両端における関数の値 $f(a)$, $f(b)$ や極値を調べる必要がある。

4章 ● 微分と積分

DRILL ◆ドリル◆

1 次の関数の極値を求め，グラフをかきなさい。

(1) $y = 2x^3 - 6x + 1$

(2) $y = -2x^3 - 3x^2 + 2$

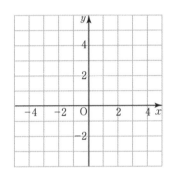

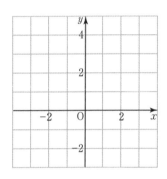

2 次の関数の最大値，最小値を求めなさい。

(1) $y = -2x^2 - 4x + 1 \quad (-2 \leqq x \leqq 1)$

(2) $y = x^3 - 12x + 4 \quad (-1 \leqq x \leqq 3)$

検

1 次の関数の極値を求め，グラフをかきなさい。

(1) $y = x^3 - 3x^2 + 2$

(2) $y = -x^3 + 3x + 2$

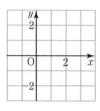

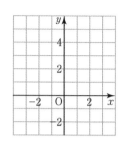

(3) $y = -2x^3 + 3x^2 + 1$

(4) $y = x^3 - 6x^2 + 9x - 5$

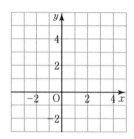

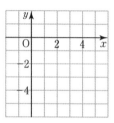

次の関数の最大値，最小値を求めなさい。

(1)　$y = -2x^2 - 8x$　$(-3 \leqq x \leqq 1)$

(2)　$y = x^3 + 3x^2 - 5$　$(-3 \leqq x \leqq 2)$

(3)　$y = x^3 - 3x + 2$　$(-2 \leqq x \leqq 2)$

(4)　$y = -x^3 - 3x^2 + 1$　$(-2 \leqq x \leqq 1)$

(5)　$y = 2x^3 - 6x - 1$　$(-1 \leqq x \leqq 2)$

(6)　$y = x^3 - 6x^2 + 9x$　$(-1 \leqq x \leqq 2)$

検

39 不定積分

1 次の不定積分を求めなさい。

(1) $\displaystyle\int x^5 dx = \dfrac{x^6}{\boxed{ア}} + C$

↑1だけ大きくする
↑1だけ大きくする
→ $\int \bullet dx$ をかかなくなったときに積分定数をかく

(2) $\displaystyle\int 1 dx = \boxed{イ} + C$ ← $\int 1 dx$ は $\int dx$ と表すこともある

(3) $\displaystyle\int 5x^2 dx = 5\int x^2 dx = 5 \times \dfrac{x^{\boxed{ウ}}}{3} + C = \dfrac{5}{3}x^3 + \boxed{エ}$

↑公式[1]
↑かき忘れないように

(4) $\displaystyle\int (2x+6) dx = \int 2x \,dx + \int 6 \,dx = 2\int x\,dx + 6\int 1\,dx$

↑公式[2]

$\displaystyle = 2 \times \dfrac{x^2}{\boxed{オ}} + 6^{\boxed{カ}} + C = x^2 + 6x + C$

└─ 積分定数はまとめて1つだけかく

(5) $\displaystyle\int (3x-2)(2x-1) dx = \int (6x^2 - 7x + 2) dx$ ←まず, 展開する

$\displaystyle = 6\int x^2 dx - 7\int x\,dx + 2\int 1\boxed{キ}$

$\displaystyle = 6 \times \dfrac{x^3}{3} - 7 \times \dfrac{x^2}{2} + 2x + \boxed{ク}$

$\displaystyle = \boxed{ケ}x^3 - \boxed{コ}x^2 + 2x + C$

2 関数 $f(x) = 2x + 1$ の不定積分 $F(x)$ のうちで, $F(1) = 0$ となるような関数 $F(x)$ を求めなさい。

解 $\displaystyle F(x) = \int f(x) dx$

$\displaystyle = \int (2x+1) dx$

$\displaystyle = x^2 + \boxed{サ} + C$ ←まず, 不定積分を求める

└─ かき忘れに注意

ここで, $F(1) = 0$ だから

$\boxed{シ}^2 + 1 + C = 0$

$1 + 1 + C = 0$

$C = \boxed{ス}$ ← $F(1) = 0$ から C の値が定まる

よって, 求める関数 $F(x)$ は

$F(x) = x^2 + x - \boxed{セ}$

4章 ● 微分と積分

不定積分

関数 $F(x)$ の導関数が $f(x)$ で C が定数のとき, $F(x) + C$ を $f(x)$ の不定積分という。
関数 $f(x)$ の不定積分を求めることを, $f(x)$ を積分するといい, 定数 C を積分定数という。
$\int$ は「インテグラル」と読む。
$F'(x) = f(x)$ のとき
$\displaystyle\int f(x) dx = F(x) + C$

x^n の不定積分

n が 0 以上の整数のとき
$\displaystyle\int x^n dx = \dfrac{x^{n+1}}{n+1} + C$
　　　　(C は積分定数)

不定積分の計算 (公式)

[1] k を定数とするとき
$\displaystyle\int kf(x) dx = k\int f(x) dx$

[2] $\displaystyle\int \{f(x) + g(x)\} dx$
$\displaystyle = \int f(x) dx + \int g(x) dx$

[3] $\displaystyle\int \{f(x) - g(x)\} dx$
$\displaystyle = \int f(x) dx - \int g(x) dx$

DRILL ◆ドリル◆

 次の不定積分を求めなさい。

(1) $\displaystyle\int x^7 dx$

(2) $\displaystyle\int 3\,dx$

(3) $\displaystyle\int (x^3 + x)dx$

(4) $\displaystyle\int (6x^2 + 3x - 4)dx$

(5) $\displaystyle\int (x-4)(x+6)dx$

(6) $\displaystyle\int (3x-2)^2 dx$

(7) $\displaystyle\int x(2x-3)dx$

(8) $\displaystyle\int (1+3x)(1-2x)dx$

 関数 $f(x) = 3x^2 - 2$ の不定積分 $F(x)$ のうちで, $F(1) = 0$ となるような関数 $F(x)$ を求めなさい。

検

40 定積分

1 次の定積分の値を求めなさい。

(1) $\displaystyle\int_1^4 x^2 dx = \left[\dfrac{x^3}{3}\right]_1^4 = \dfrac{1}{3}\left[x^3\right]_1^4 = \dfrac{1}{3}(4^3 - 1^3)$

x に 4 を代入　引き算
係数を前に　　x に 1 を代入

$= \dfrac{1}{3}(\boxed{ア} - 1) = \boxed{イ}$

(2) $\displaystyle\int_{-1}^2 2x^2 dx = 2\int_{-1}^2 x^2 dx = 2\left[\dfrac{x^3}{3}\right]_{-1}^2 = \dfrac{2}{3}\left[x^3\right]_{-1}^2$

公式①

$= \dfrac{2}{3}\{2^3 - (\boxed{ウ})^3\} = \dfrac{2}{3}(8+1) = \boxed{エ}$

(3) $\displaystyle\int_0^2 (x^2 - x)dx = \int_0^2 x^2 dx - \int_0^2 x\, dx$

公式③

$= \left[\dfrac{x^3}{3}\right]_0^2 - \left[\dfrac{x^2}{2}\right]_0^2 = \dfrac{1}{3}\left[\boxed{オ}\right]_0^2 - \dfrac{1}{2}\left[\boxed{カ}\right]_0^2$

$= \dfrac{1}{3}(2^3 - 0^3) - \dfrac{1}{2}(\boxed{キ}^2 - 0^2) = \dfrac{8}{3} - \boxed{ク}$

$= \boxed{ケ}$

(4) $\displaystyle\int_1^3 (x+1)(x+2)dx = \int_1^3 (x^2 + 3x + 2)dx$　←まず展開する

$= \displaystyle\int_1^3 x^2 dx + 3\int_1^3 x\, dx + 2\int_1^3 1\, dx$

$= \left[\dfrac{x^3}{3}\right]_1^3 + 3\left[\dfrac{x^2}{2}\right]_1^3 + 2\left[x\right]_1^3$

$= \dfrac{1}{\boxed{コ}}\left[x^3\right]_1^3 + \dfrac{3}{\boxed{サ}}\left[x^2\right]_1^3 + 2\left[x\right]_1^3$

$= \dfrac{1}{3}(3^3 - 1^3) + \dfrac{3}{2}(3^2 - 1^2) + 2(3-1)$

$= \dfrac{1}{3}(27 - 1) + \dfrac{3}{2}(\boxed{シ} - 1) + 2(3-1)$

$= \dfrac{26}{3} + \boxed{ス} + 4 = \dfrac{74}{3}$

定積分

関数 $f(x)$ の不定積分を $F(x)$ とするとき

$$F(b) - F(a)$$

の値は，積分定数 C に無関係である。この値を $f(x)$ の a から b までの定積分といい

$$\int_a^b f(x)dx$$

で表す。このとき，a を下端，b を上端という。また，$F(b) - F(a)$ を

$$\left[F(x)\right]_a^b$$

ともかく。

$F'(x) = f(x)$ のとき

$$\int_a^b f(x)dx = \left[F(x)\right]_a^b$$
$$= F(b) - F(a)$$

定積分の計算（公式）

① k を定数とするとき
$$\int_a^b kf(x)dx = k\int_a^b f(x)dx$$

② $\displaystyle\int_a^b \{f(x) + g(x)\}dx$
$$= \int_a^b f(x)dx + \int_a^b g(x)dx$$

③ $\displaystyle\int_a^b \{f(x) - g(x)\}dx$
$$= \int_a^b f(x)dx - \int_a^b g(x)dx$$

4章 ● 微分と積分

DRILL ◆ドリル◆

 次の定積分の値を求めなさい。

(1) $\displaystyle\int_{2}^{4} x\,dx$

(2) $\displaystyle\int_{-1}^{2} (-6)\,dx$

(3) $\displaystyle\int_{0}^{3} (x^2 + 8x)\,dx$

(4) $\displaystyle\int_{-2}^{2} (3x^2 - 5x + 4)\,dx$

(5) $\displaystyle\int_{-1}^{2} (3x^2 + 2x - 1)\,dx$

(6) $\displaystyle\int_{0}^{2} (-x^2 - x + 3)\,dx$

(7) $\displaystyle\int_{-3}^{1} (x-3)(x+3)\,dx$

(8) $\displaystyle\int_{1}^{2} (2x-3)^2\,dx$

検

41 面積

1 放物線 $y = x^2$ と x 軸，および 2 直線 $x = -2$, $x = -1$ で囲まれた図形の面積 S を求めなさい。

解 $-2 \leqq x \leqq -1$ の範囲で $x^2 > 0$ だから

$$S = \int_{-2}^{-1} x^2 dx = \frac{1}{3}\Big[x^3\Big]_{-2}^{-1}$$

$$= \frac{1}{3}(-1 + 8) = \boxed{}^{ア}$$

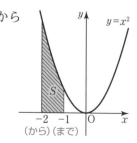

−2 −1 O x
（から）（まで）

2 放物線 $y = x^2 - 6x$ と x 軸で囲まれた図形の面積 S を求めなさい。

解 放物線 $y = x^2 - 6x$ と x 軸との
交点の x 座標は $x^2 - 6x = 0$ から

$$x = \boxed{}^{イ}, \ 6$$

$0 \leqq x \leqq \boxed{}^{ウ}$ の範囲で $x^2 - 6x \leqq 0$

だから，この放物線は x 軸の下側にある。

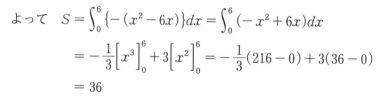

よって $S = \int_0^6 \{-(x^2 - 6x)\}dx = \int_0^6 (-x^2 + 6x)dx$

$$= -\frac{1}{3}\Big[x^3\Big]_0^6 + 3\Big[x^2\Big]_0^6 = -\frac{1}{3}(216 - 0) + 3(36 - 0)$$

$$= 36$$

3 放物線 $y = 2x^2 + 2$ と放物線 $y = x^2$, および 2 直線 $x = -1$, $x = 2$ で囲まれた図形の面積 S を求めなさい。

解 $-1 \leqq x \leqq 2$ の範囲で
$2x^2 + 2 \geqq x^2$ だから

$$S = \int_{-1}^2 \Big\{\big(\boxed{}^{エ}\big) - x^2\Big\}dx$$

$$= \int_{-1}^2 (x^2 + 2)dx$$

$$= \frac{1}{3}\Big[x^3\Big]_{-1}^2 + 2\Big[x\Big]_{-1}^2$$

$$= \frac{1}{3}(8 + 1) + 2(2 + 1) = \boxed{}^{オ}$$

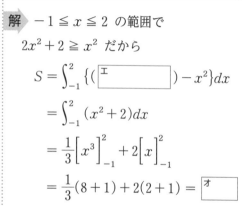
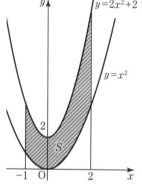

−1 O 2 x

4章 ● 微分と積分

定積分と面積

$a \leqq x \leqq b$ で，$f(x) \geqq 0$
のとき，下の図の斜線部分
の面積 S は

$$S = \int_a^b f(x)dx$$

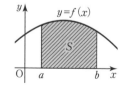

$a \leqq x \leqq b$ で，$f(x) \leqq 0$
のとき，下の図の斜線部分
の面積 S は

$$S = \int_a^b \{-f(x)\}dx$$

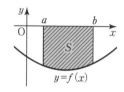

2曲線間の面積

$a \leqq x \leqq b$ で，
$f(x) \geqq g(x)$ のとき，下の
図の斜線部分の面積 S は

$$S = \int_a^b \{f(x) - g(x)\}dx$$

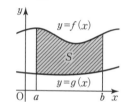

DRILL ◆ドリル◆

1 放物線 $y = x^2$ と x 軸，および 2 直線 $x = 2$，$x = 4$ で囲まれた
図形の面積 S を求めなさい。

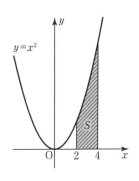

2 次の放物線と x 軸で囲まれた図形の面積 S を求めなさい。

(1) $y = x^2 - 9$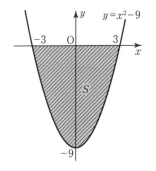

(2) $y = x^2 - 4x + 3$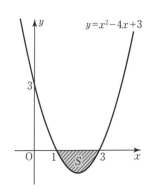

3 放物線 $y = x^2 + 4$ と放物線 $y = -x^2 + 2$，および 2 直線
$x = 0$，$x = 1$ で囲まれた図形の面積 S を求めなさい。

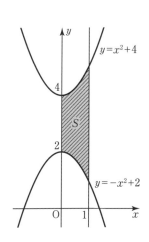

検

1 次の不定積分を求めなさい。

(1) $\displaystyle\int(3x^2+4x-3)dx$

(2) $\displaystyle\int(3x+4)(x-2)dx$

2 次の定積分の値を求めなさい。

(1) $\displaystyle\int_1^3(2x+3)dx$

(2) $\displaystyle\int_1^2(3x^2-4x-1)dx$

(3) $\displaystyle\int_{-2}^0(x^2+x)dx$

(4) $\displaystyle\int_1^3(x+1)(x-3)dx$

(5) $\displaystyle\int_{-3}^3 x(x-4)dx$

(6) $\displaystyle\int_{-1}^2(3x-2)^2dx$

3 放物線 $y = -x^2 - 2x + 4$ と x 軸，および 2 直線 $x = -2$，$x = 1$ で囲まれた図形の面積 S を求めなさい。

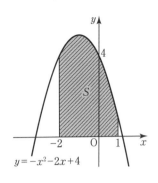

4 放物線 $y = 2x^2 - 6x - 8$ と x 軸で囲まれた図形の面積 S を求めなさい。

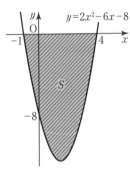

5 放物線 $y = x^2$ と直線 $y = x + 6$ で囲まれた図形の面積 S を求めなさい。

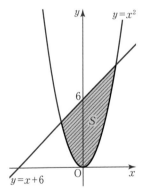

検

こたえ（数学Ⅱ）

1 ア $\dfrac{xy}{20}$　イ $\dfrac{3}{4}$　ウ $\dfrac{3x}{28}$　エ $-\dfrac{a}{8}$

2 オ $2x+4$　カ $x+3$　キ $11x-1$

3 ク 3　ケ 5　コ 6　サ 3　シ 6
　　ス 1　セ 3　ソ 3　タ 4　チ -8
　　ツ 3　テ 6

1 (1) $\dfrac{xy}{30}$　(2) $\dfrac{8xy}{15}$　(3) $6xy$

　(4) $\dfrac{7x}{15}$　(5) $-\dfrac{a}{20}$　(6) $-\dfrac{4a}{5}$

2 (1) $\dfrac{2x+11}{3}$　(2) $\dfrac{x+3}{3}$　(3) $\dfrac{x+4}{7}$

　(4) $\dfrac{2x-1}{3}$　(5) $\dfrac{17x+3}{10}$　(6) $\dfrac{4x-2y}{3}$

3 (1) a^7　(2) a^9　(3) a^{12}　(4) x^{15}
　(5) $x^{15}y^{10}$　(6) $-8x^{15}y^9$　(7) $6x^3y^4$
　(8) $-6x^5y^3$　(9) $48x^5y^6$　(10) $-8x^{13}y^9$

1 ア -3　イ 12　ウ 13　エ -2
　　オ 4　カ 20　キ 5　ク 5
　　ケ $1\pm\sqrt{5}$　コ 3　サ 24　シ 1
　　ス $-\dfrac{2}{3}$

2 セ 7　ソ 35　タ 2　チ 66

1 (1) $x=\dfrac{-3\pm\sqrt{13}}{2}$　(2) $x=1\pm\sqrt{6}$

　(3) $x=\dfrac{-2\pm\sqrt{7}}{3}$　(4) $x=1,\ \dfrac{2}{3}$

　(5) $x=\dfrac{1}{5},\ -\dfrac{1}{2}$　(6) $x=\dfrac{1}{5}$

2 (1) 36　(2) 56　(3) 126　(4) 1
　(5) 120　(6) 190

● **1章** ● 　複素数と方程式

1 ア $2x$　イ 4　ウ 14　エ 16　オ 2
　　カ 17　キ 5

2 ク 18　ケ 108　コ 48　サ 96

1 (1) $16x^2-4$　(2) $4x^2-25$
　(3) $x^2+18x+81$　(4) $x^2-10x+25$
　(5) $4x^2+12x+9$　(6) $16x^2-56x+49$
　(7) x^2+5x+6　(8) $x^2-4x-21$
　(9) $x^2-10x+16$　(10) $3x^2+7x+4$

　(11) $6x^2-19x+15$　(12) $15x^2-x-2$

2 (1) $x^3+15x^2+75x+125$
　(2) $x^3-9x^2+27x-27$
　(3) $64x^3+48x^2+12x+1$
　(4) $64x^3-144x^2+108x-27$

1 ア 3　イ 3　ウ 2　エ 3　オ 6
　　カ 6

2 キ 2　ク 2　ケ 2

3 コ 3　サ 3　シ 3　ス 3　セ 5
　　ソ 5　タ 5　チ 5

1 (1) $4ab(a+2b)$　(2) $5xyz(xz+2y-3z)$
　(3) $(4x+5)(4x-5)$　(4) $(8x+7)(8x-7)$
　(5) $(x-10)^2$　(6) $(5x+2)^2$
　(7) $(x+1)(x+4)$　(8) $(x+5)(x+6)$
　(9) $(x+5)(x-9)$　(10) $(x+8)(x-4)$

2 (1) $(5x+1)(x+1)$　(2) $(3x+1)(x-2)$
　(3) $(3x+1)(2x+1)$　(4) $(6x-1)(x-1)$

3 (1) $(x+4)(x^2-4x+16)$
　(2) $(3x-1)(9x^2+3x+1)$
　(3) $(3x+2)(9x^2-6x+4)$
　(4) $(5x-2)(25x^2+10x+4)$

1 ア 4　イ 6　ウ 4　エ 6　オ 15
　　カ 20　キ 15　ク 6

2 ケ ${}_4C_2$　コ x　サ 3　シ 1　ス 4
　　セ 6

3 ソ ${}_4C_1$　タ $2x$　チ 1　ツ 16
　　テ 24

1 (1) $a^5+5a^4b+10a^3b^2+10a^2b^3+5ab^4+b^5$
　(2) $a^8+8a^7b+28a^6b^2+56a^5b^3+70a^4b^4+56a^3b^5$
　　　$+28a^2b^6+8ab^7+b^8$

2 (1) $x^4+8x^3+24x^2+32x+16$
　(2) $x^5+15x^4+90x^3+270x^2+405x+243$

3 (1) $81x^4+108x^3+54x^2+12x+1$
　(2) $32x^5+80x^4+80x^3+40x^2+10x+1$

1 ア 2　イ 4　ウ 4

2 エ 5　オ 3　カ 2　キ 1　ク 2
　　ケ 3　コ 3

3 サ 1　シ 1　ス $3x$　セ $24x$
　　ソ $24x$　タ 1　チ 2　ツ 4

◆ DRILL ◆ ──────── 13

1 (1) $\dfrac{2a^3}{b}$ (2) $\dfrac{1}{x+2}$ (3) $\dfrac{x+2}{x-1}$

(4) $\dfrac{x}{x+1}$

2 (1) $\dfrac{x+3}{x+1}$ (2) $\dfrac{x+6}{x-7}$ (3) $\dfrac{x-1}{x+2}$

(4) $\dfrac{x+1}{x-3}$ (5) $\dfrac{x+5}{x+1}$ (6) $\dfrac{x-2}{x}$

3 (1) 2 (2) $\dfrac{2a+3b}{ab}$ (3) $\dfrac{1}{x(x+1)}$

(4) $\dfrac{3x^2}{(x+2)(x-1)}$

まとめの問題 ──────── 14

1 (1) $9x^2-1$ (2) $x^2-16x+64$

(3) $x^2+11x+28$ (4) x^2+x-20

(5) $4x^2-4x-3$ (6) $15x^2-26x+8$

(7) $64x^3-48x^2+12x-1$

(8) $8x^3+36x^2+54x+27$

2 (1) $(7x+5)(7x-5)$ (2) $(3x-2)^2$

(3) $(x+2)(x-6)$ (4) $(x+4)(x-20)$

(5) $(3x+2)(x+1)$ (6) $(3x+1)(x-3)$

(7) $(2x+1)(x+5)$ (8) $(2x+1)(x-7)$

(9) $(5x+1)(25x^2-5x+1)$

(10) $(4x-1)(16x^2+4x+1)$

3 (1) $x^6+6x^5+15x^4+20x^3+15x^2+6x+1$

(2) $243x^5+405x^4+270x^3+90x^2+15x+1$

4 (1) $\dfrac{1}{2a^3}$ (2) $\dfrac{x-2}{x-1}$ (3) $\dfrac{x-3}{x-7}$ (4) x

(5) 2 (6) 3 (7) $\dfrac{x^2+7x}{(x+3)(x-1)}$

(8) $\dfrac{x+2}{x(x-1)}$

5 複素数 ──────── 16

1 ア $\sqrt{19}\,i$ イ $-\sqrt{19}\,i$ ウ $\sqrt{11}$ エ 18

オ 2 カ 64 キ $\pm 8i$

2 ク 6 ケ -1 コ 8 サ 3

3 シ 7 ス 4 セ 1 ソ 4 タ 6

チ 3 ツ 2 テ 3 ト 11 ナ 2

4 ニ $-$ ヌ 3

5 ネ 27 ノ 9 ハ 30 ヒ 20 フ 10

ヘ 3 ホ 2

◆ DRILL ◆ ──────── 17

1 (1) $\pm\sqrt{10}\,i$ (2) $\pm 10i$

2 (1) $9i$ (2) $-3\sqrt{3}\,i$

3 (1) $x=\pm 7i$ (2) $x=\pm 2\sqrt{3}\,i$

4 (1) $x=4,\ y=-2$ (2) $x=-2,\ y=1$

5 (1) $2-3i$ (2) $-3+3i$ (3) $-1+i$

(4) $-6-13i$ (5) $2i$ (6) $21-20i$

6 (1) $-1+\sqrt{3}\,i$ (2) $-5i$

7 (1) $1+i$ (2) $1+2i$

6 2次方程式 ──────── 18

1 ア 3 イ 37 ウ 6 エ 6 オ 6

カ $-\dfrac{1}{3}$ キ 4 ク 23 ケ 23

2 コ 13 サ 0 シ 4 ス 8

3 セ 6 ソ 9 タ $<$ チ $<$ ツ -1

◆ DRILL ◆ ──────── 19

1 (1) $x=\dfrac{-7\pm\sqrt{53}}{2}$ (2) $x=\dfrac{1}{2}$

(3) $x=\dfrac{-3\pm\sqrt{31}\,i}{4}$ (4) $x=\dfrac{3\pm\sqrt{3}\,i}{2}$

(5) $x=-2\pm\sqrt{3}\,i$ (6) $x=1\pm 2i$

(7) $x=\dfrac{-1\pm\sqrt{2}\,i}{3}$ (8) $x=\dfrac{1\pm i}{3}$

2 (1) 異なる2つの虚数解である

(2) 異なる2つの実数解である

(3) 重解である

(4) 異なる2つの虚数解である

3 $k>-4$

7 解と係数の関係 ──────── 20

1 ア 3 イ 3

2 ウ 1 エ -4 オ -4 カ -4

キ 12 ク -4 ケ -6 コ -3

サ -4 シ 17

3 ス 6 セ 7 ソ 7 タ i チ 5

ツ 5

◆ DRILL ◆ ──────── 21

1 (1) 和 2, 積 $-\dfrac{5}{3}$

(2) 和 -2, 積 5

(3) 和 7, 積 -3

(4) 和 $-\dfrac{6}{5}$, 積 $\dfrac{1}{5}$

2 (1) 6 (2) 6 (3) -2 (4) $\dfrac{2}{3}$

3 (1) $x^2-10x+21=0$ (2) $x^2+x-20=0$

(3) $x^2-8x+11=0$ (4) $x^2-12x+40=0$

まとめの問題 ──────── 22

1 (1) $x=-5,\ y=-3$

(2) $x=15,\ y=-7$

2 (1) $-1-2i$ (2) 1 (3) $-2i$

(4) $-5+12i$ (5) $6+8i$ (6) 34

(7) $-1+2i$ (8) $\dfrac{-7+24i}{25}$

3 (1) $x=\dfrac{3\pm\sqrt{23}\,i}{8}$ (2) $x=-2\pm i$

(3) $x=1\pm\sqrt{2}\,i$ (4) $x=\dfrac{1\pm\sqrt{6}\,i}{7}$

4 (1) 異なる2つの実数解である

(2) 異なる2つの虚数解である

(3) 重解である

(4)　異なる 2 つの虚数解である

5　$k < 5$

6　(1)　-10　　(2)　21　　(3)　17　　(4)　$\dfrac{21}{2}$

7　$x^2 - 14x + 51 = 0$

8　整式の除法 ─────────── 24

1　ア　4　　イ　5　　ウ　2　　エ　2　　オ　2
　　カ　4　　キ　2

2　ク　3　　ケ　3　　コ　3　　サ　2　　シ　2

◆ DRILL ◆ ─────────── 25

1　(1)　商は $2x + 1$, 余りは 5
　　(2)　商は $3x + 4$, 余りは -5
　　(3)　商は $x^2 + 3x + 2$, 余りは 6
　　(4)　商は $x^2 - 3x + 4$, 余りは -11

2　(1)　$4x + 5$　　(2)　$x + 3$

9　剰余の定理と因数定理 ─────── 26

1　ア　6　　イ　-8　　ウ　0

2　エ　2　　オ　4

3　カ　0　　キ　4　　ク　4

◆ DRILL ◆ ─────────── 27

1　(1)　4　　(2)　30　　(3)　10　　(4)　0

2　(1)　5　　(2)　0　　(3)　15　　(4)　-15

3　(1)　$(x-3)(x^2 - x + 1)$
　　(2)　$(x+1)(x^2 + 2x + 7)$
　　(3)　$(x-2)(x^2 - 2x + 3)$
　　(4)　$(x+2)(2x^2 + x + 1)$

10　高次方程式 ─────────── 28

1　ア　0　　イ　1

2　ウ　1　　エ　2　　オ　3　　カ　2　　キ　3
　　ク　2　　ケ　3　　コ　1　　サ　11

◆ DRILL ◆ ─────────── 29

1　(1)　$x = -1,\ 0,\ 5$　　(2)　$x = -7,\ 0,\ 2$
　　(3)　$x = \pm 1,\ \pm 2$　　(4)　$x = \pm\sqrt{2},\ \pm 3$

2　(1)　$x = 1,\ 2,\ 3$　　(2)　$x = -1,\ 2$
　　(3)　$x = 2,\ \dfrac{-1 \pm \sqrt{3}\,i}{2}$　　(4)　$x = -1,\ 2 \pm \sqrt{5}$

まとめの問題 ─────────── 30

1　(1)　商は $4x - 9$, 余りは 2
　　(2)　商は $x^2 + 3x + 6$, 余りは 9
　　(3)　商は $x - 1$, 余りは 9
　　(4)　商は $2x^2 - x + 2$, 余りは -3

2　$2x + 1$

3　(1)　$(x-2)(x^2 + 3x + 1)$
　　(2)　$(x+1)(x^2 - x - 3)$
　　(3)　$(x-1)(x-2)(x-3)$　　(4)　$(x-3)(x+2)^2$

4　(1)　$x = -2,\ 0,\ 5$　　(2)　$x = 0,\ 10$

(3)　$x = \pm\sqrt{2}\,i,\ \pm\sqrt{10}$　　(4)　$x = \pm i,\ \pm 1$

(5)　$x = -3,\ -2,\ -1$　　(6)　$x = -3,\ 1$

(7)　$x = 1,\ \pm 3i$　　(8)　$x = 1,\ \dfrac{-1 \pm \sqrt{21}}{2}$

(9)　$x = 2,\ -1 \pm i$　　(10)　$x = -1,\ \dfrac{3 \pm \sqrt{11}\,i}{2}$

11　等式の証明 ─────────── 32

1　ア　10　　イ　10

2　ウ　2　　エ　4　　オ　2　　カ　4

3　キ　b　　ク　b　　ケ　k　　コ　k

◆ DRILL ◆ ─────────── 33

1 ～ 3　証明略

12　不等式の証明 ─────────── 34

1　ア　3　　イ　0

2　ウ　2　　エ　0

3　オ　$>$　　カ　5

◆ DRILL ◆ ─────────── 35

1 ～ 3　証明略

● 2 章 ●　図形と方程式

13　直線上の点の座標と内分・外分 ─── 36

1　ア　9　　イ　5　　ウ　-2　　エ　7　　オ　-2
　　カ　-6　　キ　4

2　ク　2　　ケ　9　　コ　2　　サ　9　　シ　1
　　ス　9　　セ　1　　ソ　3　　タ　9　　チ　3

◆ DRILL ◆ ─────────── 37

1　(1)　6　　(2)　13　　(3)　7　　(4)　4

2　(1)　8　　(2)　-2　　(3)　-3　　(4)　1
　　(5)　-4　　(6)　-1　　(7)　10　　(8)　22
　　(9)　$-\dfrac{38}{3}$　　(10)　-6

14　平面上の点の座標と内分・外分(1) ── 38

1　ア　4　　イ　3　　ウ　2

2　エ　1　　オ　4　　カ　16　　キ　25　　ク　5

3　ケ　0　　コ　4　　サ　3　　シ　4　　ス　30
　　セ　3　　ソ　3　　タ　0

◆ DRILL ◆ ─────────── 39

1　(1)　第 2 象限の点　　(2)　第 3 象限の点
　　(3)　第 1 象限の点　　(4)　第 4 象限の点

2　(1)　5　　(2)　$\sqrt{73}$　　(3)　$5\sqrt{2}$　　(4)　$\sqrt{41}$

3　$(-1,\ 0)$

4　$(0,\ 4)$

15 平面上の点の座標と内分・外分(2)————40

1 ア 4 　イ 3 　ウ 8 　エ 4 　オ $\dfrac{3}{2}$

　　カ 3 　キ $\dfrac{11}{2}$ 　ク $\dfrac{3}{2}$ 　ケ $\dfrac{11}{2}$

　　コ −1 　サ 4 　シ 5 　ス 3 　セ 8

　　ソ 9 　タ 5 　チ 9

2 ツ 2 　テ 5 　ト −1 　ナ 2 　ニ −1

◆ DRILL ◆————41

1 (1) $(4, -2)$ 　(2) $(0, 2)$ 　(3) $(1, -5)$

　　(4) $\left(-\dfrac{1}{2}, 1\right)$ 　(5) $\left(\dfrac{13}{2}, -12\right)$ 　(6) $(9, -7)$

2 $(2, 3)$

16 直線の方程式————42

1 ア $-\dfrac{1}{2}$ 　イ 4

2 ウ 3 　エ 2 　オ 7

3 カ 2 　キ 1 　ク −2 　ケ −2 　コ 1

　　サ 4 　シ y 　ス −2 　セ −2

4 ソ 3 　タ −3

◆ DRILL ◆————43

1 (1) 傾き −3, 切片 −2 　(2) 傾き $\dfrac{1}{2}$, 切片 2

2 (1) $y = -3x + 5$ 　(2) $y = \dfrac{3}{2}x + 7$

3 (1) $y = 2x + 5$ 　(2) $y = -3x - 2$

　　(3) $y = 2x$ 　(4) $y = -\dfrac{1}{2}x + 1$

　　(5) $y = -2$ 　(6) $x = -3$

4 傾きは $-\dfrac{2}{3}$, 切片は $\dfrac{5}{2}$

17 2直線の関係————44

1 ア 2 　イ 1

2 ウ 2 　エ 平行 　オ −1 　カ 垂直

3 キ 3 　ク 2 　ケ 7 　コ 2 　サ 2

　　シ 4

◆ DRILL ◆————45

1 (1) $(2, -1)$ 　(2) $(-5, 11)$

2 (1) ① −2 　② 3 　③ $\dfrac{1}{2}$ 　④ 3

　　⑤ −2 　⑥ $-\dfrac{1}{3}$

　　(2) ⑤ 　(3) ④ 　(4) ③ 　(5) ⑥

3 (1) $y = 2x + 1$ 　(2) $y = -3x - 4$

まとめの問題————46

1 (1) 2 　(2) −24

2 (1) $\sqrt{34}$ 　(2) 10

3 (1) $(1, -1)$ 　(2) $\left(12, -\dfrac{13}{2}\right)$

　　(3) $\left(-18, \dfrac{17}{2}\right)$ 　(4) $\left(2, -\dfrac{3}{2}\right)$

4 $(2, 1)$

5 (1) $y = 3x - 13$ 　(2) $y = \dfrac{2}{3}x + 3$

6 (1) $y = -3x + 7$ 　(2) $x = 5$

7 (1) $(-3, 0)$ 　(2) $(1, 3)$

8 (1) $y = -2x + 5$ 　(2) $y = 3x + 7$

18 円の方程式(1)————48

1 ア 1 　イ 2 　ウ 3 　エ 1 　オ 2

　　カ 9 　キ 7

2 ク 4 　ケ 4

3 コ 3 　サ 3 　シ 3 　ス 4 　セ 16

　　ソ 25 　タ 5 　チ 4

◆ DRILL ◆————49

1 (1) $(x + 2)^2 + (y - 3)^2 = 25$

　　(2) $(x + 3)^2 + (y + 1)^2 = 7$

　　(3) $x^2 + (y - 5)^2 = 12$ 　(4) $x^2 + y^2 = \dfrac{1}{4}$

2 (1) 中心の座標 $(3, 2)$, 半径 4

　　(2) 中心の座標 $(3, -5)$, 半径 2

　　(3) 中心の座標 $(-2, 0)$, 半径 3

　　(4) 中心の座標 $(0, 0)$, 半径 $\sqrt{13}$

3 (1) $(x - 5)^2 + (y - 3)^2 = 9$

　　(2) $(x + 4)^2 + (y - 2)^2 = 16$

　　(3) $(x - 12)^2 + (y - 5)^2 = 169$

　　(4) $(x + 1)^2 + (y - \sqrt{3})^2 = 4$

19 円の方程式(2)————50

1 ア −2 　イ 2 　ウ 5 　エ 2 　オ 2

　　カ −2 　キ −1 　ク 3 　ケ 9 　コ 25

　　サ 5 　シ 2 　ス 25

2 セ 9 　ソ 9 　タ 9 　チ 9 　ツ 2

　　テ 9 　ト 2 　ナ −2 　ニ 5

◆ DRILL ◆————51

1 (1) $(x - 1)^2 + (y - 2)^2 = 2$

　　(2) $(x - 4)^2 + y^2 = 17$

2 (1) 中心の座標 $(5, 0)$, 半径 1

　　(2) 中心の座標 $(0, -7)$, 半径 5

　　(3) 中心の座標 $(2, -3)$, 半径 2

　　(4) 中心の座標 $(5, -4)$, 半径 3

　　(5) 中心の座標 $(-4, 2)$, 半径 $\sqrt{10}$

　　(6) 中心の座標 $(3, 6)$, 半径 $3\sqrt{5}$

20 円と直線の関係・軌跡 ——— 52

1 ア 3 イ −3 ウ 3 エ −4
　 オ −4
2 カ 8 キ −7
3 ク 5 ケ 5 コ 9 サ 9

◆ DRILL ◆ ——— 53

1 (1) $(1, 2)$, $(−1, −2)$ (2) $(3, −1)$
　(3) $(4, −3)$, $(−3, 4)$ (4) $(1, 2)$
2 (1) ない (2) 1個
3 中心の座標 $(−2, 0)$, 半径 4 の円

まとめの問題 ——— 54

1 (1) $(x−4)^2+(y+3)^2=25$
　(2) $(x+2)^2+(y−1)^2=7$
2 (1) 中心の座標 $(−5, −2)$, 半径 5
　(2) 中心の座標 $(0, 4)$, 半径 3
3 (1) $(x+5)^2+(y+1)^2=1$
　(2) $(x−6)^2+(y+8)^2=100$
4 (1) $(x−1)^2+(y−3)^2=8$
　(2) $(x+1)^2+(y−3)^2=5$
5 (1) 中心の座標 $(5, 3)$, 半径 3
　(2) 中心の座標 $(−3, 4)$, 半径 4
6 (1) $(3, 3)$, $(−3, −3)$ (2) $(1, 1)$
7 (1) 2個 (2) ない
8 中心の座標 $(−12, 0)$, 半径 6 の円

21 不等式の表す領域 ——— 56

1 ア −3
　イ 3
　ウ 外部

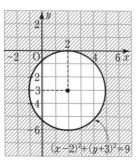

2 エ 下側

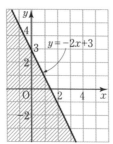

3 オ 内部
　カ 上側

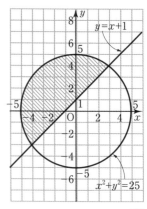

◆ DRILL ◆ ——— 57

1 (1)

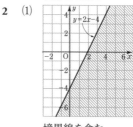

(2)

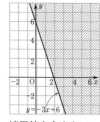

境界線を含む　　　境界線を含まない

2 (1)

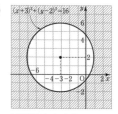

(2)

境界線を含む　　　境界線を含まない

3 (1)

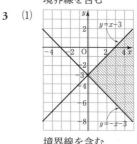

(2)

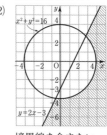

境界線を含む　　　境界線を含まない

まとめの問題 ——— 58

1 (1)

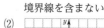

境界線を含まない

(2)

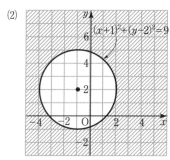

境界線を含む

2 (1) $x^2 + y^2 < 16$

   (2) $(x-2)^2 + (y-3)^2 \geqq 4$

3 (1)

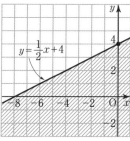

境界線を含む

(2)

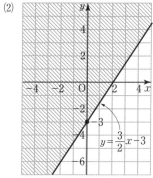

境界線を含まない

4 (1) $y < \dfrac{1}{2}x + 1$ (2) $x \geqq -2$

5 (1)

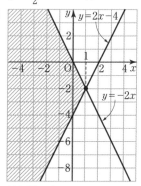

境界線を含む

(2)

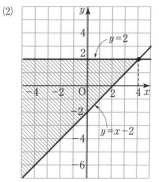

境界線を含まない

(3)

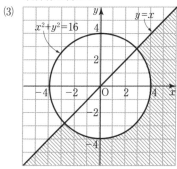

境界線を含む

(4)

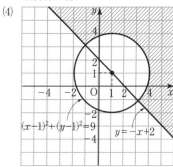

境界線を含まない

● 3章 ● いろいろな関数

22 一般角・三角関数 ——————60

1 ア $60°$ イ 1 ウ $30°$ エ 2

2 オ 1 カ 1 キ 1 ク 2 ケ $\dfrac{1}{2}$

   コ $\sqrt{3}$

3 サ 4 シ 3

◆ DRILL ◆ ——————61

1 (1) $300° + 360° \times 1$ (2) $135° + 360° \times 2$

  (3) $45° + 360° \times 3$ (4) $90° + 360° \times (-2)$

2 (1) $\sin 300° = -\dfrac{\sqrt{3}}{2}$, $\cos 300° = \dfrac{1}{2}$,

   $\tan 300° = -\sqrt{3}$

(2) $\sin(-150°) = -\dfrac{1}{2}$, $\cos(-150°) = -\dfrac{\sqrt{3}}{2}$,

$\tan(-150°) = \dfrac{1}{\sqrt{3}}$

3 (1) 第3象限の角　(2) 第2象限の角

(3) 第4象限の角

23　三角関数の相互関係 ——————62

1 ア $\cos^2\theta$　イ $\dfrac{16}{25}$　ウ $<$　エ $-\dfrac{4}{5}$

オ $\sin\theta$　カ $\dfrac{5}{3}$　キ $-\dfrac{4}{3}$

2 ク $\sin^2\theta$　ケ $\dfrac{144}{169}$　コ $>$　サ $\dfrac{12}{13}$

シ $\cos\theta$　ス $\dfrac{13}{12}$　セ $-\dfrac{5}{12}$

◆ DRILL ◆ ——————63

1 (1) $\sin\theta = -\dfrac{3}{5}$, $\tan\theta = \dfrac{3}{4}$

(2) $\sin\theta = \dfrac{12}{13}$, $\tan\theta = -\dfrac{12}{5}$

(3) $\cos\theta = \dfrac{2\sqrt{2}}{3}$, $\tan\theta = -\dfrac{1}{2\sqrt{2}}$

(4) $\cos\theta = -\dfrac{\sqrt{11}}{6}$, $\tan\theta = \dfrac{5}{\sqrt{11}}$

24　三角関数の性質 ——————64

1 ア $30°$　イ $30°$　ウ $\dfrac{1}{2}$　エ $45°$

オ $45°$　カ 1

2 キ 0.4226　ク $15°$　ケ 0.9659

3 コ $10°$　サ $10°$　シ 0.9848　ス $80°$

セ $80°$　ソ 5.6713

◆ DRILL ◆ ——————65

1 (1) $\dfrac{\sqrt{3}}{2}$　(2) $\dfrac{1}{2}$　(3) $\dfrac{1}{\sqrt{3}}$

(4) $\dfrac{1}{\sqrt{2}}$　(5) $\dfrac{\sqrt{3}}{2}$　(6) $\sqrt{3}$

2 (1) -0.6157　(2) 0.4540　(3) -0.4040

(4) -0.9998　(5) 0.2419　(6) -6.3138

3 (1) -0.3907　(2) -0.4384　(3) 4.7046

(4) -0.0349　(5) -0.5736　(6) 0.3640

25　三角関数のグラフ ——————66

1 ア $\dfrac{\sqrt{3}}{2}$　イ $\dfrac{1}{2}$　ウ $-\dfrac{1}{2}$　エ $-\dfrac{\sqrt{3}}{2}$

オ $-\dfrac{1}{2}$　カ $-\dfrac{1}{\sqrt{2}}$　キ $-\dfrac{1}{\sqrt{2}}$

ク $-\dfrac{1}{2}$　ケ $-\dfrac{\sqrt{3}}{2}$　コ $-\dfrac{1}{\sqrt{2}}$

サ $\dfrac{1}{\sqrt{2}}$　シ $\dfrac{\sqrt{3}}{2}$

2

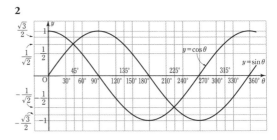

ス 360　セ -1　ソ 1

3

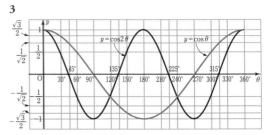

タ 180　チ -1　ツ 1

◆ DRILL ◆ ——————67

1

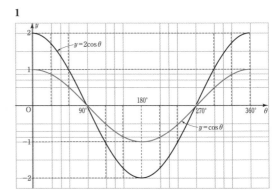

周期は $360°$，y の値の範囲は $-2 \leqq y \leqq 2$

2

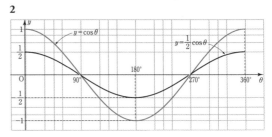

周期は $360°$，y の値の範囲は $-\dfrac{1}{2} \leqq y \leqq \dfrac{1}{2}$

3

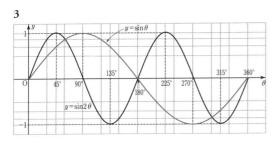

周期は 180°，y の値の範囲は $-1 \leqq y \leqq 1$

26　加法定理・2倍角の公式 ————68

1 ア 120°　イ 45°　ウ $\dfrac{1}{2}$

2 エ 30°　オ 30°　カ 45°　キ $\dfrac{\sqrt{3}}{2}$

　ク $\dfrac{\sqrt{2}}{2}$　ケ 6　コ 2

3 サ $\sin^2\alpha$　シ $\dfrac{4}{9}$　ス $<$　セ $\dfrac{2}{3}$

　ソ $\dfrac{2}{3}$　タ $\sin^2\alpha$　チ $\dfrac{10}{9}$　ツ $\dfrac{1}{9}$

◆ DRILL ◆ ————69

1 (1) $-\dfrac{\sqrt{2}+\sqrt{6}}{4}$　　(2) $\dfrac{\sqrt{2}-\sqrt{6}}{4}$

　(3) $-\dfrac{\sqrt{6}+\sqrt{2}}{4}$　　(4) $\dfrac{\sqrt{6}-\sqrt{2}}{4}$

2 $\sin 2\alpha = \dfrac{4\sqrt{2}}{9}$，$\cos 2\alpha = \dfrac{7}{9}$

3 $\sin 2\alpha = -\dfrac{24}{25}$，$\cos 2\alpha = -\dfrac{7}{25}$

27　三角関数の合成・弧度法 ————70

1 ア -1　イ -1　ウ 135°

2 エ $\dfrac{\pi}{12}$　オ $\dfrac{\pi}{180}$　カ $\dfrac{13}{30}$

3 キ 10°　ク 180°　ケ 150°

4 コ 6　サ 4　シ 4　ス 12

◆ DRILL ◆ ————71

1 (1) $2\sin(\theta-60°)$　(2) $\sqrt{2}\sin(\theta-135°)$

2 (1) $\dfrac{\pi}{10}$　(2) $\dfrac{\pi}{15}$　(3) $\dfrac{4}{9}\pi$　(4) $\dfrac{10}{9}\pi$

3 (1) 100°　(2) 135°　(3) 216°　(4) 99°

4 (1) $l=5\pi$，$S=15\pi$　(2) $l=6\pi$，$S=24\pi$

　(3) $l=4\pi$，$S=24\pi$　(4) $l=\dfrac{5}{2}\pi$，$S=\dfrac{25}{2}\pi$

まとめの問題 ————72

1 (1) $\sin 330° = -\dfrac{1}{2}$，$\cos 330° = \dfrac{\sqrt{3}}{2}$，

　　$\tan 330° = -\dfrac{1}{\sqrt{3}}$

　(2) $\sin(-495°) = -\dfrac{1}{\sqrt{2}}$，$\cos(-495°) = -\dfrac{1}{\sqrt{2}}$，

　　$\tan(-495°) = 1$

2 $\cos\theta = -\dfrac{2}{3}$，$\tan\theta = \dfrac{\sqrt{5}}{2}$

3 $\sin\theta = -\dfrac{2\sqrt{2}}{3}$，$\tan\theta = -2\sqrt{2}$

4 (1) -0.5736　(2) 0.5736　(3) -0.9657

　(4) -0.9925　(5) -0.6293　(6) 0.1228

5 $\sin 2\alpha = \dfrac{3\sqrt{7}}{8}$，$\cos 2\alpha = \dfrac{1}{8}$

6 $2\sin(\theta+150°)$

7 $l=10\pi$，$S=40\pi$

28　指数の拡張(1)・累乗根 ————74

1 ア 2　イ 10　ウ 2

2 エ 1　オ 3　カ 64

3 キ 2　ク 100　ケ 2　コ $\dfrac{1}{100}$

　サ 100

4 シ 2　ス 3

5 セ 16　ソ 2　タ 27　チ 3

6 ツ 9　テ 4

◆ DRILL ◆ ————75

1 (1) a^8　(2) a^6　(3) a^4b^4　(4) a^9

　(5) $a^{12}b^4$　(6) $81a^8$

2 (1) 1　(2) $\dfrac{1}{5}$　(3) $\dfrac{1}{125}$

3 (1) 3　(2) $\dfrac{1}{81}$　(3) 243　(4) 1

4 (1) 10　(2) 2

5 (1) 3　(2) 2

6 (1) $\sqrt[4]{343}$　(2) 2

29　指数の拡張(2) ————76

1 ア 5　イ 3　ウ 5　エ 3　オ 5

　カ 1000　キ 5　ク 243

2 ケ $\dfrac{3}{5}$　コ 2　サ $\dfrac{1}{2}$

3 シ $+$　ス 1　セ 4　ソ $\times$　タ 2

　チ 9　ツ $-$　テ 2　ト 4　ナ 2

　ニ $+$　ヌ $-$　ネ 0　ノ 1

4 ハ 2　ヒ $\dfrac{1}{2}$　フ 3　ヘ 2　ホ $\dfrac{2}{5}$

　マ 4

◆ DRILL ◆ ————77

1 (1) $\sqrt[5]{5}$　(2) $\sqrt[7]{16}$　(3) $\dfrac{1}{\sqrt[5]{125}}$

2 (1) $11^{\frac{1}{2}}$　(2) $3^{\frac{3}{4}}$　(3) $7^{\frac{1}{3}}$

3 (1) 4　(2) 2　(3) 27　(4) $\dfrac{1}{2}$　(5) $\dfrac{1}{3}$

　(6) 6　(7) 2　(8) 1

4 (1) 49　(2) 3　(3) 5　(4) 2　(5) 25

　(6) $\sqrt{3}$

30 指数関数のグラフ ──────── 78

1 ア $\dfrac{1}{4}$　イ $\dfrac{1}{2}$　ウ 1　エ 16　オ 4

　　カ $\dfrac{1}{8}$　キ 1　ク y

2 ケ 2^{-1}　コ $2^{-\frac{2}{3}}$　サ 2^2

3 シ 3　ス 3　セ 5

◆ DRILL ◆ ──────── 79

1

x	$\cdots$	-3	-2	-1
$y=3^x$	$\cdots$	$\dfrac{1}{27}$	$\dfrac{1}{9}$	$\dfrac{1}{3}$
$y=\left(\dfrac{1}{3}\right)^x$	$\cdots$	27	9	3

0	1	2	3	$\cdots$
1	3	9	27	$\cdots$
1	$\dfrac{1}{3}$	$\dfrac{1}{9}$	$\dfrac{1}{27}$	$\cdots$

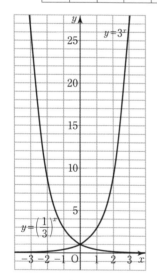

2　(1)　$3^{-1} < 3^{\frac{1}{2}} < 3$

　(2)　$\left(\dfrac{1}{2}\right)^{-2} > \left(\dfrac{1}{2}\right)^{-1} > \dfrac{1}{2}$

　(3)　$2^{-2} < \sqrt[3]{4} < \sqrt[4]{8}$

　(4)　$1 > \left(\dfrac{1}{3}\right)^{\frac{3}{2}} > \left(\dfrac{1}{3}\right)^{\frac{5}{3}}$

3　(1)　$x=4$　　(2)　$x=\dfrac{3}{2}$

まとめの問題 ──────── 80

1　(1)　2　　(2)　3　　(3)　$\dfrac{1}{5}$

2　(1)　$\sqrt[4]{7}$　　(2)　$\sqrt[5]{27}$　　(3)　$\dfrac{1}{\sqrt[3]{121}}$

3　(1)　$15^{\frac{1}{2}}$　　(2)　$5^{\frac{3}{7}}$　　(3)　$2^{\frac{2}{3}}$

4　(1)　32　　(2)　2　　(3)　2　　(4)　32　　(5)　$\dfrac{1}{4}$

　(6)　$\dfrac{1}{\sqrt{2}}$　　(7)　64　　(8)　$\dfrac{1}{64}$　　(9)　64

　(10)　$\dfrac{1}{4}$　　(11)　$\dfrac{1}{16}$　　(12)　$\dfrac{1}{5}$

5　(1)　5　　(2)　$\sqrt{2}$　　(3)　9

6　(1)　　　　　　　　　(2)

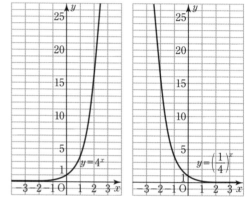

7　(1)　$\left(\dfrac{1}{2}\right)^{-4} > 2^{-3} > \left(\dfrac{1}{2}\right)^7$

　(2)　$\sqrt{3} < \sqrt[3]{9} < \sqrt[5]{81}$

8　(1)　$x=\dfrac{5}{2}$　　(2)　$x=\dfrac{3}{4}$

31 対数の値・対数の性質 ──────── 82

1 ア 243　イ -4　ウ 0

2 エ 5　オ -3

3 カ ×　キ 16　ク 2　ケ ÷　コ 8
　　サ 1

4 シ ×　ス $\dfrac{1}{2}$　セ 3　ソ 8　タ 2

◆ DRILL ◆ ──────── 83

1　(1)　$\log_2 32 = 5$　　(2)　$\log_3 \dfrac{1}{9} = -2$

　(3)　$\log_5 1 = 0$　　(4)　$\log_7 \sqrt{7} = \dfrac{1}{2}$

2　(1)　$81 = 3^4$　　(2)　$1 = 6^0$　　(3)　$5 = 5^1$

　(4)　$81 = \left(\dfrac{1}{3}\right)^{-4}$

3　(1)　3　　(2)　-3

4　(1)　2　　(2)　1　　(3)　2　　(4)　$\dfrac{1}{2}$　　(5)　2

　(6)　3

32 対数関数のグラフ ──────── 84

1 ア -2　イ 0　ウ 1　エ 2　オ 1
　　カ -3　キ 0　ク x

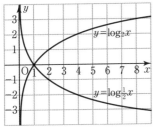

2 ケ　<　　コ　>
3 サ　3　シ　8　ス　4

◆ **DRILL** ◆ ─────────────── 85

1

x	…	$\dfrac{1}{27}$	$\dfrac{1}{9}$	$\dfrac{1}{3}$	1
$y=\log_3 x$	…	-3	-2	-1	0
$y=\log_{\frac{1}{3}} x$	…	3	2	1	0

3	9	27	…
1	2	3	…
-1	-2	-3	…

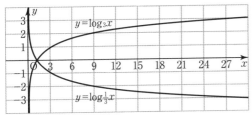

2 (1) $\log_3 2 < \log_3 5$　　(2) $\log_2 7 < 3 < 2\log_2 3$
　(3) $\log_{\frac{1}{5}} 3 > \log_{\frac{1}{5}} 6$
　(4) $-\log_{\frac{1}{4}} 5 > \log_{\frac{1}{4}} \dfrac{3}{4} > \log_{\frac{1}{4}} \dfrac{4}{5}$
3 (1) $x=9$　(2) $x=\sqrt{3}$　(3) $x=31$
　(4) $x=2$

33　常用対数・底の変換公式 ─────── 86

1 ア　0.3263　　イ　0.9248
2 ウ　4.31　エ　0.6345　オ　2.6345　カ　10
　キ　0.9063　ク　0.0937
3 ケ　30　コ　0.4771　サ　15
4 シ　3　ス　4　セ　2

◆ **DRILL** ◆ ─────────────── 87

1 (1) 0.7582　　(2) 0.5119
2 (1) 2.0864　(2) 3.7168　(3) -0.8447
　(4) -0.1215
3 19けたの整数
4 (1) $\dfrac{5}{2}$　(2) $-\dfrac{2}{3}$　(3) $\log_2 50$　(4) -1

まとめの問題 ─────────────── 88

1 (1) $\log_2 1024 = 10$　(2) $\log_{32} 2 = \dfrac{1}{5}$
　(3) $\log_4 \dfrac{1}{2} = -\dfrac{1}{2}$
2 (1) $2 = 4^{\frac{1}{2}}$　(2) $\dfrac{1}{8} = 2^{-3}$
　(3) $\dfrac{1}{10000} = 10^{-4}$
3 (1) 2　(2) 4　(3) -2　(4) 0　(5) $\dfrac{1}{2}$
　(6) 2
4 (1) 1　(2) 2　(3) 2　(4) -2
5 (1) 3　(2) $-\dfrac{1}{2}$
6 (1) $\log_2 0.5 < \log_2 7 < 2\log_2 3$
　(2) $1 > \log_{\frac{1}{3}} 3 > \log_{\frac{1}{3}} 5$
7 16けたの整数
8 (1) $\dfrac{4}{3}$　(2) -4　(3) 3　(4) $\dfrac{13}{6}$

● **4章** ●　微分と積分

34　平均変化率・微分係数 ───────── 90

1 ア　2　イ　14　ウ　-1　エ　5
2 オ　1　カ　1
3 キ　4　ク　12
4 ケ　$2+h$　コ　$8+2h$　サ　h　シ　$8+2h$
　ス　8

◆ **DRILL** ◆ ─────────────── 91

1 (1) 5　　(2) -11
2 (1) -6　(2) 4
3 (1) -5　(2) 15　(3) -6　(4) 7
4 (1) 18　(2) -6

35　導関数 ──────────────── 92

1 ア　$x+h$　イ　x^2+2x　ウ　$2x+h+2$
　エ　$2x+h+2$　オ　$2x+2$
2 カ　3　キ　6　ク　1　ケ　3　コ　1
　サ　6　シ　3　ス　2　セ　1　ソ　6
　タ　1

◆ **DRILL** ◆ ─────────────── 93

1 (1) $f'(x)=4$　　(2) $f'(x)=2x$
2 (1) $y'=-6x$　(2) $y'=0$　(3) $y'=15x^2$
　(4) $y'=-2x+2$　(5) $y'=6x^2+6x$
　(6) $y'=5x^2-3x$　(7) $y'=9x^2-4x$
　(8) $y'=2x$　(9) $8x-12$
　(10) $y'=6x^2-10x-6$

36　接線 ―――――――――94

1　ア　2　　イ　1　　ウ　4　　エ　1　　オ　2
　　　カ　1　　キ　7

2　ク　$2x$　　ケ　2　　コ　2

3　サ　$-2x+4$　　シ　-2　　ス　2　　セ　3
　　　ソ　1　　タ　1

◆ DRILL ◆ ―――――――――95

1　(1)　$f'(x) = -8x,\ f'(3) = -24$
　　(2)　$f'(x) = 2x-4,\ f'(-1) = -6$

2　(1)　0　　(2)　4

3　(1)　8　　(2)　-6

4　(1)　$y = -6x+9$　　(2)　$y = 2x$　　(3)　$y = 7$
　　(4)　$y = -6x-2$

まとめの問題 ―――――――――96

1　(1)　8　　(2)　-2

2　(1)　-2　　(2)　-20　　(3)　2

3　(1)　$y' = -9x^2$　　(2)　$y' = 2x^2-10x+3$
　　(3)　$y' = 6x^2-10x$　　(4)　$y' = 18x$
　　(5)　$y' = 3x^2+6x+3$　　(6)　$y' = 3x^2-8x+4$

4　(1)　$y = 8x+4$　　(2)　$y = 6x-12$
　　(3)　$y = 3x-1$　　(4)　$y = 6x-6$
　　(5)　$y = 4x+5$　　(6)　$y = 8x+1$
　　(7)　$y = -x-2$　　(8)　$y = 3x-6$

37　関数の増加・減少 ―――――98

1　ア　2　　イ　減少　　ウ　増加

2　エ　-3　　オ　1　　カ　1　　キ　-1
　　　ク　$+$　　ケ　2　　コ　減少　　サ　増加

◆ DRILL ◆ ―――――――――99

1　(1)　$x < 3$ のとき増加し，$x > 3$ のとき減少する。
　　(2)　$x < 1$ のとき減少し，$x > 1$ のとき増加する。
　　(3)　$x < 0,\ 2 < x$ のとき増加し，$0 < x < 2$ のとき減少する。
　　(4)　$x < -2,\ 2 < x$ のとき減少し，$-2 < x < 2$ のとき増加する。

38　関数の極大・極小・関数の最大・最小 ―100

1　ア　6　　イ　2　　ウ　0　　エ　4　　オ　0
　　　カ　0　　キ　$+$　　ク　4　　ケ　↗　　コ　4
　　　サ　0

2　シ　3　　ス　-1　　セ　3　　ソ　-1
　　　タ　-1　　チ　$+$　　ツ　↘　　テ　3
　　　ト　-1

◆ DRILL ◆ ―――――――――101

1　(1)　$x = -1$ で極大値 5，$x = 1$ で極小値 -3

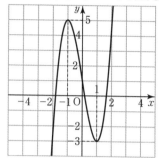

　　(2)　$x = 0$ で極大値 2，$x = -1$ で極小値 1

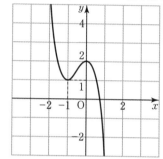

2　(1)　$x = -1$ のとき最大値 3，
　　　　$x = 1$ のとき最小値 -5
　　(2)　$x = -1$ のとき最大値 15，
　　　　$x = 2$ のとき最小値 -12

まとめの問題 ―――――――――102

1　(1)　$x = 0$ で極大値 2，
　　　　$x = 2$ で極小値 -2

　　(2)　$x = 1$ で極大値 4，
　　　　$x = -1$ で極小値 0

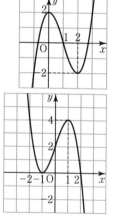

(3)　$x = 1$ で極大値 2,
　　$x = 0$ で極小値 1

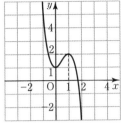

(4)　$x = 1$ で極大値 -1,
　　$x = 3$ で極小値 -5

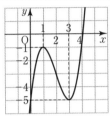

2　(1)　$x = -2$ のとき最大値 8,
　　　$x = 1$ のとき最小値 -10

(2)　$x = 2$ のとき最大値 15,
　　$x = -3,\ 0$ のとき最小値 -5

(3)　$x = -1,\ 2$ のとき最大値 4,
　　$x = -2,\ 1$ のとき最小値 0

(4)　$x = 0$ のとき最大値 1,
　　$x = -2,\ 1$ のとき最小値 -3

(5)　$x = -1,\ 2$ のとき最大値 3,
　　$x = 1$ のとき最小値 -5

(6)　$x = 1$ のとき最大値 4,
　　$x = -1$ のとき最小値 -16

39　不定積分 ——————————104

1　ア　6　　イ　x　　ウ　3　　エ　C　　オ　2
　　カ　x　　キ　dx　　ク　C　　ケ　2　　コ　$\dfrac{7}{2}$
2　サ　x　　シ　1　　ス　-2　　セ　2

◆ DRILL ◆ ——————————105

1　(1)　$\dfrac{x^8}{8} + C$　　(2)　$3x + C$

(3)　$\dfrac{x^4}{4} + \dfrac{x^2}{2} + C$　　(4)　$2x^3 + \dfrac{3}{2}x^2 - 4x + C$

(5)　$\dfrac{1}{3}x^3 + x^2 - 24x + C$

(6)　$3x^3 - 6x^2 + 4x + C$　　(7)　$\dfrac{2}{3}x^3 - \dfrac{3}{2}x^2 + C$

(8)　$-2x^3 + \dfrac{1}{2}x^2 + x + C$

2　$F(x) = x^3 - 2x + 1$

40　定積分 ——————————106

1　ア　64　　イ　21　　ウ　-1　　エ　6
　　オ　x^3　　カ　x^2　　キ　2　　ク　2　　ケ　$\dfrac{2}{3}$
　　コ　3　　サ　2　　シ　9　　ス　12

◆ DRILL ◆ ——————————107

1　(1)　6　　(2)　-18　　(3)　45　　(4)　32

(5)　9　　(6)　$\dfrac{4}{3}$　　(7)　$-\dfrac{80}{3}$　　(8)　$\dfrac{1}{3}$

41　面積 ——————————108

1　ア　$\dfrac{7}{3}$
2　イ　0　　ウ　6
3　エ　$2x^2 + 2$　　オ　9

◆ DRILL ◆ ——————————109

1　$\dfrac{56}{3}$

2　(1)　36　　(2)　$\dfrac{4}{3}$

3　$\dfrac{8}{3}$

まとめの問題 ——————————110

1　(1)　$x^3 + 2x^2 - 3x + C$　　(2)　$x^3 - x^2 - 8x + C$

2　(1)　14　　(2)　0　　(3)　$\dfrac{2}{3}$　　(4)　$-\dfrac{16}{3}$

(5)　18　　(6)　21

3　12

4　$\dfrac{125}{3}$

5　$\dfrac{125}{6}$

平方・平方根の表

n	n^2	$\sqrt{n}$	$\sqrt{10n}$	n	n^2	$\sqrt{n}$	$\sqrt{10n}$
1	1	1.0000	3.1623	51	2601	7.1414	22.5832
2	4	1.4142	4.4721	52	2704	7.2111	22.8035
3	9	1.7321	5.4772	53	2809	7.2801	23.0217
4	16	2.0000	6.3246	54	2916	7.3485	23.2379
5	25	2.2361	7.0711	55	3025	7.4162	23.4521
6	36	2.4495	7.7460	56	3136	7.4833	23.6643
7	49	2.6458	8.3666	57	3249	7.5498	23.8747
8	64	2.8284	8.9443	58	3364	7.6158	24.0832
9	81	3.0000	9.4868	59	3481	7.6811	24.2899
10	100	3.1623	10.0000	60	3600	7.7460	24.4949
11	121	3.3166	10.4881	61	3721	7.8102	24.6982
12	144	3.4641	10.9545	62	3844	7.8740	24.8998
13	169	3.6056	11.4018	63	3969	7.9373	25.0998
14	196	3.7417	11.8322	64	4096	8.0000	25.2982
15	225	3.8730	12.2474	65	4225	8.0623	25.4951
16	256	4.0000	12.6491	66	4356	8.1240	25.6905
17	289	4.1231	13.0384	67	4489	8.1854	25.8844
18	324	4.2426	13.4164	68	4624	8.2462	26.0768
19	361	4.3589	13.7840	69	4761	8.3066	26.2679
20	400	4.4721	14.1421	70	4900	8.3666	26.4575
21	441	4.5826	14.4914	71	5041	8.4261	26.6458
22	484	4.6904	14.8324	72	5184	8.4853	26.8328
23	529	4.7958	15.1658	73	5329	8.5440	27.0185
24	576	4.8990	15.4919	74	5476	8.6023	27.2029
25	625	5.0000	15.8114	75	5625	8.6603	27.3861
26	676	5.0990	16.1245	76	5776	8.7178	27.5681
27	729	5.1962	16.4317	77	5929	8.7750	27.7489
28	784	5.2915	16.7332	78	6084	8.8318	27.9285
29	841	5.3852	17.0294	79	6241	8.8882	28.1069
30	900	5.4772	17.3205	80	6400	8.9443	28.2843
31	961	5.5678	17.6068	81	6561	9.0000	28.4605
32	1024	5.6569	17.8885	82	6724	9.0554	28.6356
33	1089	5.7446	18.1659	83	6889	9.1104	28.8097
34	1156	5.8310	18.4391	84	7056	9.1652	28.9828
35	1225	5.9161	18.7083	85	7225	9.2195	29.1548
36	1296	6.0000	18.9737	86	7396	9.2736	29.3258
37	1369	6.0828	19.2354	87	7569	9.3274	29.4958
38	1444	6.1644	19.4936	88	7744	9.3808	29.6648
39	1521	6.2450	19.7484	89	7921	9.4340	29.8329
40	1600	6.3246	20.0000	90	8100	9.4868	30.0000
41	1681	6.4031	20.2485	91	8281	9.5394	30.1662
42	1764	6.4807	20.4939	92	8464	9.5917	30.3315
43	1849	6.5574	20.7364	93	8649	9.6437	30.4959
44	1936	6.6332	20.9762	94	8836	9.6954	30.6594
45	2025	6.7082	21.2132	95	9025	9.7468	30.8221
46	2116	6.7823	21.4476	96	9216	9.7980	30.9839
47	2209	6.8557	21.6795	97	9409	9.8489	31.1448
48	2304	6.9282	21.9089	98	9604	9.8995	31.3050
49	2401	7.0000	22.1359	99	9801	9.9499	31.4643
50	2500	7.0711	22.3607	100	10000	10.0000	31.6228

三角関数の表

A	sin A	cos A	tan A	A	sin A	cos A	tan A
0°	0.0000	1.0000	0.0000	45°	0.7071	0.7071	1.0000
1°	0.0175	0.9998	0.0175	46°	0.7193	0.6947	1.0355
2°	0.0349	0.9994	0.0349	47°	0.7314	0.6820	1.0724
3°	0.0523	0.9986	0.0524	48°	0.7431	0.6691	1.1106
4°	0.0698	0.9976	0.0699	49°	0.7547	0.6561	1.1504
5°	0.0872	0.9962	0.0875	50°	0.7660	0.6428	1.1918
6°	0.1045	0.9945	0.1051	51°	0.7771	0.6293	1.2349
7°	0.1219	0.9925	0.1228	52°	0.7880	0.6157	1.2799
8°	0.1392	0.9903	0.1405	53°	0.7986	0.6018	1.3270
9°	0.1564	0.9877	0.1584	54°	0.8090	0.5878	1.3764
10°	0.1736	0.9848	0.1763	55°	0.8192	0.5736	1.4281
11°	0.1908	0.9816	0.1944	56°	0.8290	0.5592	1.4826
12°	0.2079	0.9781	0.2126	57°	0.8387	0.5446	1.5399
13°	0.2250	0.9744	0.2309	58°	0.8480	0.5299	1.6003
14°	0.2419	0.9703	0.2493	59°	0.8572	0.5150	1.6643
15°	0.2588	0.9659	0.2679	60°	0.8660	0.5000	1.7321
16°	0.2756	0.9613	0.2867	61°	0.8746	0.4848	1.8040
17°	0.2924	0.9563	0.3057	62°	0.8829	0.4695	1.8807
18°	0.3090	0.9511	0.3249	63°	0.8910	0.4540	1.9626
19°	0.3256	0.9455	0.3443	64°	0.8988	0.4384	2.0503
20°	0.3420	0.9397	0.3640	65°	0.9063	0.4226	2.1445
21°	0.3584	0.9336	0.3839	66°	0.9135	0.4067	2.2460
22°	0.3746	0.9272	0.4040	67°	0.9205	0.3907	2.3559
23°	0.3907	0.9205	0.4245	68°	0.9272	0.3746	2.4751
24°	0.4067	0.9135	0.4452	69°	0.9336	0.3584	2.6051
25°	0.4226	0.9063	0.4663	70°	0.9397	0.3420	2.7475
26°	0.4384	0.8988	0.4877	71°	0.9455	0.3256	2.9042
27°	0.4540	0.8910	0.5095	72°	0.9511	0.3090	3.0777
28°	0.4695	0.8829	0.5317	73°	0.9563	0.2924	3.2709
29°	0.4848	0.8746	0.5543	74°	0.9613	0.2756	3.4874
30°	0.5000	0.8660	0.5774	75°	0.9659	0.2588	3.7321
31°	0.5150	0.8572	0.6009	76°	0.9703	0.2419	4.0108
32°	0.5299	0.8480	0.6249	77°	0.9744	0.2250	4.3315
33°	0.5446	0.8387	0.6494	78°	0.9781	0.2079	4.7046
34°	0.5592	0.8290	0.6745	79°	0.9816	0.1908	5.1446
35°	0.5736	0.8192	0.7002	80°	0.9848	0.1736	5.6713
36°	0.5878	0.8090	0.7265	81°	0.9877	0.1564	6.3138
37°	0.6018	0.7986	0.7536	82°	0.9903	0.1392	7.1154
38°	0.6157	0.7880	0.7813	83°	0.9925	0.1219	8.1443
39°	0.6293	0.7771	0.8098	84°	0.9945	0.1045	9.5144
40°	0.6428	0.7660	0.8391	85°	0.9962	0.0872	11.4301
41°	0.6561	0.7547	0.8693	86°	0.9976	0.0698	14.3007
42°	0.6691	0.7431	0.9004	87°	0.9986	0.0523	19.0811
43°	0.6820	0.7314	0.9325	88°	0.9994	0.0349	28.6363
44°	0.6947	0.7193	0.9657	89°	0.9998	0.0175	57.2900
45°	0.7071	0.7071	1.0000	90°	1.0000	0.0000	——

対数表（1）

数	0	1	2	3	4	5	6	7	8	9
1.0	.0000	.0043	.0086	.0128	.0170	.0212	.0253	.0294	.0334	.0374
1.1	.0414	.0453	.0492	.0531	.0569	.0607	.0645	.0682	.0719	.0755
1.2	.0792	.0828	.0864	.0899	.0934	.0969	.1004	.1038	.1072	.1106
1.3	.1139	.1173	.1206	.1239	.1271	.1303	.1335	.1367	.1399	.1430
1.4	.1461	.1492	.1523	.1553	.1584	.1614	.1644	.1673	.1703	.1732
1.5	.1761	.1790	.1818	.1847	.1875	.1903	.1931	.1959	.1987	.2014
1.6	.2041	.2068	.2095	.2122	.2148	.2175	.2201	.2227	.2253	.2279
1.7	.2304	.2330	.2355	.2380	.2405	.2430	.2455	.2480	.2504	.2529
1.8	.2553	.2577	.2601	.2625	.2648	.2672	.2695	.2718	.2742	.2765
1.9	.2788	.2810	.2833	.2856	.2878	.2900	.2923	.2945	.2967	.2989
2.0	.3010	.3032	.3054	.3075	.3096	.3118	.3139	.3160	.3181	.3201
2.1	.3222	.3243	.3263	.3284	.3304	.3324	.3345	.3365	.3385	.3404
2.2	.3424	.3444	.3464	.3483	.3502	.3522	.3541	.3560	.3579	.3598
2.3	.3617	.3636	.3655	.3674	.3692	.3711	.3729	.3747	.3766	.3784
2.4	.3802	.3820	.3838	.3856	.3874	.3892	.3909	.3927	.3945	.3962
2.5	.3979	.3997	.4014	.4031	.4048	.4065	.4082	.4099	.4116	.4133
2.6	.4150	.4166	.4183	.4200	.4216	.4232	.4249	.4265	.4281	.4298
2.7	.4314	.4330	.4346	.4362	.4378	.4393	.4409	.4425	.4440	.4456
2.8	.4472	.4487	.4502	.4518	.4533	.4548	.4564	.4579	.4594	.4609
2.9	.4624	.4639	.4654	.4669	.4683	.4698	.4713	.4728	.4742	.4757
3.0	.4771	.4786	.4800	.4814	.4829	.4843	.4857	.4871	.4886	.4900
3.1	.4914	.4928	.4942	.4955	.4969	.4983	.4997	.5011	.5024	.5038
3.2	.5051	.5065	.5079	.5092	.5105	.5119	.5132	.5145	.5159	.5172
3.3	.5185	.5198	.5211	.5224	.5237	.5250	.5263	.5276	.5289	.5302
3.4	.5315	.5328	.5340	.5353	.5366	.5378	.5391	.5403	.5416	.5428
3.5	.5441	.5453	.5465	.5478	.5490	.5502	.5514	.5527	.5539	.5551
3.6	.5563	.5575	.5587	.5599	.5611	.5623	.5635	.5647	.5658	.5670
3.7	.5682	.5694	.5705	.5717	.5729	.5740	.5752	.5763	.5775	.5786
3.8	.5798	.5809	.5821	.5832	.5843	.5855	.5866	.5877	.5888	.5899
3.9	.5911	.5922	.5933	.5944	.5955	.5966	.5977	.5988	.5999	.6010
4.0	.6021	.6031	.6042	.6053	.6064	.6075	.6085	.6096	.6107	.6117
4.1	.6128	.6138	.6149	.6160	.6170	.6180	.6191	.6201	.6212	.6222
4.2	.6232	.6243	.6253	.6263	.6274	.6284	.6294	.6304	.6314	.6325
4.3	.6335	.6345	.6355	.6365	.6375	.6385	.6395	.6405	.6415	.6425
4.4	.6435	.6444	.6454	.6464	.6474	.6484	.6493	.6503	.6513	.6522
4.5	.6532	.6542	.6551	.6561	.6571	.6580	.6590	.6599	.6609	.6618
4.6	.6628	.6637	.6646	.6656	.6665	.6675	.6684	.6693	.6702	.6712
4.7	.6721	.6730	.6739	.6749	.6758	.6767	.6776	.6785	.6794	.6803
4.8	.6812	.6821	.6830	.6839	.6848	.6857	.6866	.6875	.6884	.6893
4.9	.6902	.6911	.6920	.6928	.6937	.6946	.6955	.6964	.6972	.6981
5.0	.6990	.6998	.7007	.7016	.7024	.7033	.7042	.7050	.7059	.7067
5.1	.7076	.7084	.7093	.7101	.7110	.7118	.7126	.7135	.7143	.7152
5.2	.7160	.7168	.7177	.7185	.7193	.7202	.7210	.7218	.7226	.7235
5.3	.7243	.7251	.7259	.7267	.7275	.7284	.7292	.7300	.7308	.7316
5.4	.7324	.7332	.7340	.7348	.7356	.7364	.7372	.7380	.7388	.7396

対数表（2）

数	0	1	2	3	4	5	6	7	8	9
5.5	.7404	.7412	.7419	.7427	.7435	.7443	.7451	.7459	.7466	.7474
5.6	.7482	.7490	.7497	.7505	.7513	.7520	.7528	.7536	.7543	.7551
5.7	.7559	.7566	.7574	.7582	.7589	.7597	.7604	.7612	.7619	.7627
5.8	.7634	.7642	.7649	.7657	.7664	.7672	.7679	.7686	.7694	.7701
5.9	.7709	.7716	.7723	.7731	.7738	.7745	.7752	.7760	.7767	.7774
6.0	.7782	.7789	.7796	.7803	.7810	.7818	.7825	.7832	.7839	.7846
6.1	.7853	.7860	.7868	.7875	.7882	.7889	.7896	.7903	.7910	.7917
6.2	.7924	.7931	.7938	.7945	.7952	.7959	.7966	.7973	.7980	.7987
6.3	.7993	.8000	.8007	.8014	.8021	.8028	.8035	.8041	.8048	.8055
6.4	.8062	.8069	.8075	.8082	.8089	.8096	.8102	.8109	.8116	.8122
6.5	.8129	.8136	.8142	.8149	.8156	.8162	.8169	.8176	.8182	.8189
6.6	.8195	.8202	.8209	.8215	.8222	.8228	.8235	.8241	.8248	.8254
6.7	.8261	.8267	.8274	.8280	.8287	.8293	.8299	.8306	.8312	.8319
6.8	.8325	.8331	.8338	.8344	.8351	.8357	.8363	.8370	.8376	.8382
6.9	.8388	.8395	.8401	.8407	.8414	.8420	.8426	.8432	.8439	.8445
7.0	.8451	.8457	.8463	.8470	.8476	.8482	.8488	.8494	.8500	.8506
7.1	.8513	.8519	.8525	.8531	.8537	.8543	.8549	.8555	.8561	.8567
7.2	.8573	.8579	.8585	.8591	.8597	.8603	.8609	.8615	.8621	.8627
7.3	.8633	.8639	.8645	.8651	.8657	.8663	.8669	.8675	.8681	.8686
7.4	.8692	.8698	.8704	.8710	.8716	.8722	.8727	.8733	.8739	.8745
7.5	.8751	.8756	.8762	.8768	.8774	.8779	.8785	.8791	.8797	.8802
7.6	.8808	.8814	.8820	.8825	.8831	.8837	.8842	.8848	.8854	.8859
7.7	.8865	.8871	.8876	.8882	.8887	.8893	.8899	.8904	.8910	.8915
7.8	.8921	.8927	.8932	.8938	.8943	.8949	.8954	.8960	.8965	.8971
7.9	.8976	.8982	.8987	.8993	.8998	.9004	.9009	.9015	.9020	.9025
8.0	.9031	.9036	.9042	.9047	.9053	.9058	.9063	.9069	.9074	.9079
8.1	.9085	.9090	.9096	.9101	.9106	.9112	.9117	.9122	.9128	.9133
8.2	.9138	.9143	.9149	.9154	.9159	.9165	.9170	.9175	.9180	.9186
8.3	.9191	.9196	.9201	.9206	.9212	.9217	.9222	.9227	.9232	.9238
8.4	.9243	.9248	.9253	.9258	.9263	.9269	.9274	.9279	.9284	.9289
8.5	.9294	.9299	.9304	.9309	.9315	.9320	.9325	.9330	.9335	.9340
8.6	.9345	.9350	.9355	.9360	.9365	.9370	.9375	.9380	.9385	.9390
8.7	.9395	.9400	.9405	.9410	.9415	.9420	.9425	.9430	.9435	.9440
8.8	.9445	.9450	.9455	.9460	.9465	.9469	.9474	.9479	.9484	.9489
8.9	.9494	.9499	.9504	.9509	.9513	.9518	.9523	.9528	.9533	.9538
9.0	.9542	.9547	.9552	.9557	.9562	.9566	.9571	.9576	.9581	.9586
9.1	.9590	.9595	.9600	.9605	.9609	.9614	.9619	.9624	.9628	.9633
9.2	.9638	.9643	.9647	.9652	.9657	.9661	.9666	.9671	.9675	.9680
9.3	.9685	.9689	.9694	.9699	.9703	.9708	.9713	.9717	.9722	.9727
9.4	.9731	.9736	.9741	.9745	.9750	.9754	.9759	.9763	.9768	.9773
9.5	.9777	.9782	.9786	.9791	.9795	.9800	.9805	.9809	.9814	.9818
9.6	.9823	.9827	.9832	.9836	.9841	.9845	.9850	.9854	.9859	.9863
9.7	.9868	.9872	.9877	.9881	.9886	.9890	.9894	.9899	.9903	.9908
9.8	.9912	.9917	.9921	.9926	.9930	.9934	.9939	.9943	.9948	.9952
9.9	.9956	.9961	.9965	.9969	.9974	.9978	.9983	.9987	.9991	.9996

高校サブノート数学II

● 編　者 —— 実教出版編修部

● 発行者 —— 小田　良次

● 印刷所 —— 株式会社　太 洋 社

● 発行所 —— 実教出版株式会社　　〒102-8377
東京都千代田区五番町5
電 話〈営業〉(03)3238-7777
　　　〈編修〉(03)3238-7785
　　　〈総務〉(03)3238-7700
https://www.jikkyo.co.jp/

002402023　　　　　　　　　　ISBN 978-4-407-35213-9